博士后文库

中国博士后科学基金资助出版

刨花板施胶系统的数学建模及稳定性分析

丁宇婷　著

科学出版社

北京

内 容 简 介

刨花板生产过程中的施胶系统是衡量刨花板生产技术水平的主要标志之一，其控制性能直接影响产品质量和生产成本. 本书介绍了林业工程领域的刨花板施胶过程的几类局部系统，在现有常微分方程的基础上引入时间延迟、非线性、耦合等重要影响因素，建立更符合实际过程的具有时间延迟的非线性微分方程模型. 应用延迟微分方程的分岔理论和规范型方法，分析系统的动力学性质，解释和预测系统的稳定平衡态、稳定周期态、稳定拟周期态等复杂动力学现象，阐明系统产生复杂现象的根源，从而实现控制系统达到预期状态的目的，并通过数值仿真将这些新奇的动力学现象加以展示. 本书将刨花板施胶过程的若干典型实例与最新研究成果相结合，读者可以从中学会和把握非线性动力学研究的基本方法.

本书适合数学专业微分方程领域和林业工程、材料科学与工程专业的刨花板研发领域的研究生及相关专业人员学习和阅读.

图书在版编目(CIP)数据

刨花板施胶系统的数学建模及稳定性分析/丁宇婷著. —北京：科学出版社，2023.1

(博士后文库)

ISBN 978-7-03-074036-6

Ⅰ. ①刨… Ⅱ. ①丁… Ⅲ. ①刨花板-施胶-系统建模 Ⅳ. ① TS653.5

中国版本图书馆 CIP 数据核字(2022)第 227412 号

责任编辑：胡庆家／责任校对：樊雅琼
责任印制：吴兆东／封面设计：陈　敬

科学出版社出版
北京东黄城根北街 16 号
邮政编码：100717
http://www.sciencep.com
北京中石油彩色印刷有限责任公司 印刷
科学出版社发行　各地新华书店经销
*
2023 年 1 月第　一　版　开本：720×1000　1/16
2024 年 1 月第二次印刷　印张：10　插页：1
字数：200 000

定价：78.00 元

(如有印装质量问题，我社负责调换)

“博士后文库”序言

1985 年, 在李政道先生的倡议和邓小平同志的亲自关怀下, 我国建立了博士后制度, 同时设立了博士后科学基金. 30 多年来, 在党和国家的高度重视下, 在社会各方面的关心和支持下, 博士后制度为我国培养了一大批青年高层次创新人才. 在这一过程中, 博士后科学基金发挥了不可替代的独特作用.

博士后科学基金是中国特色博士后制度的重要组成部分, 专门用于资助博士后研究人员开展创新探索. 博士后科学基金的资助, 对正处于独立科研生涯起步阶段的博士后研究人员来说, 适逢其时, 有利于培养他们独立的科研人格、在选题方面的竞争意识以及负责的精神, 是他们独立从事科研工作的“第一桶金”. 尽管博士后科学基金资助金额不大, 但对博士后青年创新人才的培养和激励作用不可估量. 四两拨千斤, 博士后科学基金有效地推动了博士后研究人员迅速成长为高水平的研究人才, “小基金发挥了大作用”.

在博士后科学基金的资助下, 博士后研究人员的优秀学术成果不断涌现. 2013 年, 为提高博士后科学基金的资助效益, 中国博士后科学基金会联合科学出版社开展了博士后优秀学术专著出版资助工作, 通过专家评审遴选出优秀的博士后学术著作, 收入“博士后文库”, 由博士后科学基金资助、科学出版社出版. 我们希望, 借此打造专属于博士后学术创新的旗舰图书品牌, 激励博士后研究人员潜心科研, 扎实治学, 提升博士后优秀学术成果的社会影响力.

2015 年, 国务院办公厅印发了《关于改革完善博士后制度的意见》(国办发〔2015〕87 号), 将“实施自然科学、人文社会科学优秀博士后论著出版支持计划”作为“十三五”期间博士后工作的重要内容和提升博士后研究人员培养质量的重要手段, 这更加凸显了出版资助工作的意义. 我相信, 我们提供的这个出版资助平台将对博士后研究人员激发创新智慧、凝聚创新力量发挥独特的作用, 促使博士后研究人员的创新成果更好地服务于创新驱动发展战略和创新型国家的建设.

祝愿广大博士后研究人员在博士后科学基金的资助下早日成长为栋梁之才, 为实现中华民族伟大复兴的中国梦做出更大的贡献.

中国博士后科学基金会理事长

前　　言

本书作者 2013 年毕业于哈尔滨工业大学理学院数学系, 获基础数学专业理学博士学位, 研究方向为延迟微分方程及其应用; 2014 年在东北林业大学机械工程博士后流动站学习, 主要从事林业工程刨花板施胶方向的学习和研究. 本书主要内容来自作者博士后期间及出站后几年的科研成果, 分析了刨花板施胶过程中的具时滞反馈的主动控制系统、具时滞的非线性液压缸系统、时滞变频调压供水系统、时滞微机电非线性耦合系统以及传送带摩擦系统的数学建模及其稳定性、分岔等问题的基本动力学性质. 本书的特色如下:

(1) 以实际应用为需求

刨花板施胶过程可以有效衡量刨花板生产技术水平, 但该过程较为复杂, 无法建立完整精准的数学模型, 因而学者们往往从局部过程入手建立微分方程. 本书在现有描述施胶过程的局部系统的基础上, 考虑延迟、非线性、耦合等影响因素, 结合实验结果建立既与实际问题相符又尽可能简化的施胶过程的非线性延迟微分方程模型, 并分析其稳定性及分岔现象, 从而有助于我们发现复杂的动力学现象, 准确地解释、预测和控制系统的动力学行为, 并从理论上给出有价值的实践指导, 为节约成本、改进工艺提供理论依据和科学方法, 实现刨花板生产过程的优质、高效、节约、环保等目的.

(2) 以数学问题为导向

由于延迟系统自身结构的复杂性, 对其动力学行为的研究尚有很大空间, 引入延迟、非线性、耦合等重要影响因素, 建立更符合实际的刨花板施胶过程中的若干局部数学模型, 并从分岔角度分析系统动力学性质, 对发现实际系统多样复杂的动力学行为、揭示复杂现象产生的内部根源、有效预测或控制此类系统具有重要的理论和实际意义. 对这类问题的深入讨论不仅可以在理论上为后续完善延迟微分方程的分岔理论提供参考, 还可以更好地解释和预测刨花板生产过程中的施胶系统的动力学行为, 结合理论分析, 从理论上给出确保系统具有稳定特性的参数的取值范围, 解决电机稳定转动、原料输入的精确配比与控制等实际问题, 从而从理论上给出有价值的实践指导, 对数学领域学者也是一项既有研究价值又有挑战性的工作.

(3) 以学科交叉为特色

本书介绍了数学学科与林业工程学科的交叉研究内容. 数学理论研究也是为

了更好地指导实践, 将数学理论与林业工程应用学科相结合, 提出新的问题, 进而推动数学及相关学科的发展, 这不仅为数学研究者带来挑战, 同时也为学者们实现跨学科交流带来了新的研究方向. 将刨花板生产过程中的实际工程问题转化为数学建模、稳定性分析的数学问题, 从而利用理论分析的结果给出有价值的实践指导, 再用实践结果来检验理论分析的正确性, 最终解决相应的工程问题. 马克思主义哲学告诉我们, 认识对实践具有能动的反作用, 正确的理论可以推动实践的发展, 而实践又是检验真理的唯一标准. 该研究构想也是响应国家关于重视基础学科建设, 全面协调地发展数学等基础学科, 并推动基础学科与应用学科的交叉融合, 形成新兴交叉研究领域这一政策.

2020 年 12 月, 中央经济工作会议将 "开展大规模国土绿化行动, 提升生态系统碳汇能力" 作为 "碳达峰、碳中和" 的内容纳入了 "十四五" 开局之年我国经济工作重点任务. 林业在我国应对气候变化、实现 "双碳" 目标中发挥着重要的作用. 本书是以林业工程问题为研究对象, 进行数学建模及数学理论分析, 属于数学与林业工程的交叉研究内容. 本书立足行业院校自身发展优势, 紧扣 "双碳" 目标, 发挥基础研究和学科交叉融合的优势, 为实现 "碳达峰、碳中和" 提供科学路径, 为服务国家战略需求、实现我国的 "双碳" 目标助力.

本书的内容不仅可以为后续完善延迟微分方程的稳定性及分岔理论提供理论参考, 还可以通过建立描述刨花板施胶过程的延迟非线性微分方程来更好地分析、解释和控制刨花板施胶过程的复杂动力学行为, 最终给出有价值的实践指导. 由于研究的模型都是具有很强实际背景的延迟微分方程, 所以本书更体现出数学 "理论" 和林业工程 "应用" 的交叉研究.

本书的主要内容来源于作者主持的中国博士后面上资助 ("具有延迟的人造板非线性施胶系统的稳定性研究", No.2015M571382, 2015.05—2017.03)、中国博士后特别资助 ("延迟非线性人造板施胶系统的数学建模及稳定性研究", No.2016T90266, 2016.05—2017.03) 和国家自然科学基金 ("人造板施胶的数学建模与时滞微分方程的高余维分支研究", No.11501091, 2016.01—2018.12) 的研究成果.

在此, 感谢国家自然科学基金委、中国博士后基金委、黑龙江省自然科学基金委、黑龙江省博士后基金委多年来对我研究工作所给予的资助, 也感谢哈尔滨工业大学蒋卫华教授、东北林业大学曹军教授对我科研学习生涯的指导和帮助. 由于作者水平有限, 书中不足之处在所难免, 诚恳希望读者不吝赐教.

作　者

2022 年 8 月于哈尔滨

目　录

"博士后文库"序言
前言
第 1 章　绪论 ··· 1
1.1　背景及意义 ··· 1
1.1.1　刨花板施胶的研究背景及意义 ··· 1
1.1.2　微分方程稳定性理论的研究背景及意义 ··· 5
1.2　刨花板施胶系统工艺 ··· 6
1.3　国内外研究现状 ··· 8
1.4　本书的主要工作 ··· 13
第 2 章　预备知识 ··· 17
2.1　常微分方程 ··· 17
2.1.1　稳定性理论 ··· 17
2.1.2　稳定性判别方法 ··· 19
2.1.3　平面动力系统基本性质 ··· 21
2.2　延迟微分方程 ··· 26
2.3　中心流形方法 ··· 28
2.3.1　常微分方程的中心流形方法 ··· 28
2.3.2　延迟微分方程的中心流形方法 ··· 29
2.4　多时间尺度方法 ··· 33
第 3 章　主动控制系统的建模及稳定性分析 ··· 35
3.1　研究背景 ··· 35
3.2　数学建模 ··· 37
3.3　平衡点的稳定性及分岔存在性 ··· 37
3.4　双 Hopf 分岔规范型及分岔分析 ··· 42
3.5　实例分析 ··· 45
第 4 章　非线性液压缸系统的建模及稳定性分析 ··· 50
4.1　研究背景 ··· 50
4.2　数学建模 ··· 53
4.3　平衡点的稳定性及分岔存在性 ··· 55
4.4　Hopf-zero 分岔规范型及分支分析 ··· 62

4.5 实例分析 ······ 68
第 5 章 非线性变频调压供水系统的建模及稳定性分析 ······ 73
5.1 研究背景 ······ 73
5.2 数学建模 ······ 74
5.3 平衡点的稳定性及分岔存在性 ······ 76
5.4 规范型和分岔分析 ······ 79
5.4.1 Hopf 分岔分析 ······ 79
5.4.2 Bogdanov-Takens 分岔分析 ······ 82
5.5 实例分析 ······ 88
第 6 章 微机电耦合系统的建模及稳定性分析 ······ 95
6.1 研究背景 ······ 95
6.2 数学建模 ······ 96
6.3 平衡点的稳定性及分支存在性 ······ 97
6.4 Hopf-zero 分岔和 Hopf 分岔规范型 ······ 100
6.4.1 Hopf-zero 分岔规范型分析 ······ 100
6.4.2 Hopf 分岔规范型分析 ······ 104
6.5 分岔分析和数值模拟 ······ 104
6.5.1 Hopf 分岔分析 ······ 104
6.5.2 Hopf-pitchfork 分岔分析 ······ 106
第 7 章 传送带摩擦系统的建模及延迟反馈控制分析 ······ 112
7.1 研究背景 ······ 112
7.2 数学建模 ······ 113
7.3 平衡点的稳定性及 Hopf 分岔存在性 ······ 116
7.4 Hopf 分岔的稳定性及分岔方向 ······ 120
7.4.1 方程 (7-15) 的 Hopf 分岔分析 ······ 120
7.4.2 方程 (7-7) 的 Hopf 分岔分析 ······ 123
7.5 分岔周期解性质 ······ 124
7.6 数值模拟 ······ 124
7.6.1 方程 (7-7) 的模拟解 ······ 124
7.6.2 方程 (7-15) 的模拟解 ······ 127
7.6.3 两种方法比较 ······ 128
参考文献 ······ 131
附录 Matlab 程序 ······ 138
索引 ······ 148
编后记 ······ 150
彩图

第 1 章　绪　　论

1.1　背景及意义

1.1.1　刨花板施胶的研究背景及意义

我国是一个可耕地面积少、森林资源有限的人口大国, 为了保持可持续发展、保护木材资源、维护生态平衡, 1998 年我国政府出台了 “天然林资源保护工程”, 开始合理有效地控制木材的采伐量. 并且, 随着我国经济的快速发展, 特别是人们生活水平的显著提高, 人们对于住房的要求和建筑装修材料家具的需求也越来越高. 于是, 森林资源既要承载着保护生态平衡的重任, 也要承担着木材供给的需要. 然而, 木材在自然生长过程中不可避免地会存在不同程度的各类缺陷, 且木材在加工过程中以及生产过程中也会有原材料损耗和浪费, 这两者都会在很大程度上降低木材的利用率. 综上所述, 天然的木材无论在产品性能上还是在产品产量上都已经无法满足人们生产和生活的需要. 于是, 速生人工林逐渐大批量产生. 虽然人工林生长周期短, 但存在着容易受外因导致形变、木材质地相对较软等问题, 这对于木材的加工和使用会带来诸多影响. 如何更好地改善木材质地、提高木材的有效利用率、节约成本、提高产量, 成为摆在木材科学领域的专家学者们面前的重要课题之一.

刨花板作为人造板的主体产品之一, 在装饰、家具、建筑等行业有着广泛的应用前景, 刨花板生产得到了快速发展, 图 1.1 给出了几类常见的板材. 刨花板 (Particleboard) 又称为 “实木颗粒板”, 是由木材或其他木质纤维素等材料制成的碎料, 施加胶粘剂后在热力和压力作用下胶合成的人造板, 主要用于家具制造和建筑工业及火车、汽车车厢制造. 由于刨花板材质相对均匀, 加工性能好, 可以根据需要加工成大幅面的板材, 是制作不同规格、样式的家具的较好原材料. 我国是一个缺林少木的国家, 发展刨花板生产是提高木材利用率和增加木材供应的一个重要途径.

刨花板生产工艺流程 (见图 1.2) 如下:

(1) 制备工段. 在该工艺流程中, 经削片、筛选后的刨花原料被送至木片料仓进行存储. 接着, 运输机将木片运送至刨片机中进行刨花制备, 制备后的刨花再经运输机运送至湿刨花料仓中进行过渡存储.

(2) 干燥、分选、打磨工段. 首先运输机将湿刨花运送至转子式刨花干燥机进行干燥，再对经过干燥的刨花进行筛选. 分选合格的芯层干刨花经运输机送往芯层干刨花料仓进行过渡存储，过大的刨花经打磨机打磨后被送往表层干刨花料仓进行过渡存储.

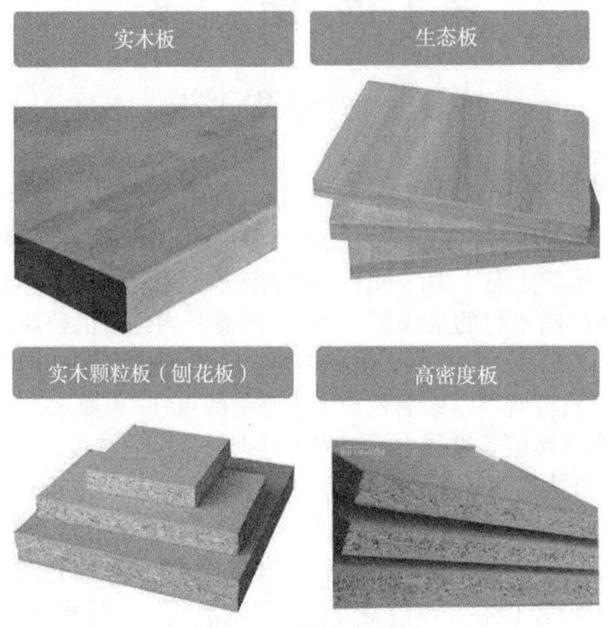

图 1.1　几类常见板材

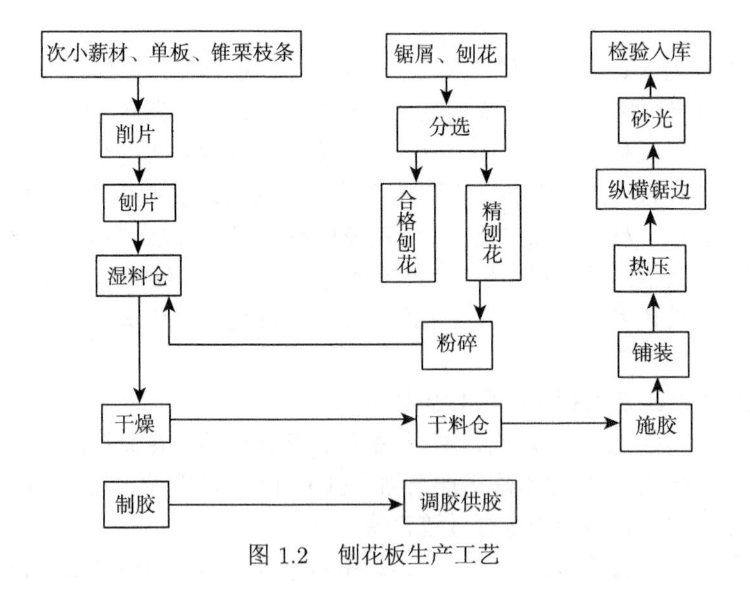

图 1.2　刨花板生产工艺

(3) 调胶、施胶工段. 分选合格的表层干刨花和芯层干刨花经刨花计量料仓分别计量后送到拌胶机中, 同时调胶、施胶工段将工艺所要求的胶液输送至拌胶机中, 刨花和胶液在表芯层拌胶机的充分搅拌下, 达到均匀混合充分施胶的效果.

(4) 铺装、热压成型工段. 施胶后的刨花经皮带运输机运送至机械分级铺装机, 然后由机械分级铺装机组装铺出均匀平整的板坯. 板坯经永磁除铁器、预压机、纵向锯边机、横截锯、加速运输机、称重运输机和储存运输机、装板运输机等送至装板机的装机吊笼中, 由装机吊笼将板坯送到多层热压机中进行热压成型, 经多层热压机热压成型的毛板由装板小车托盘推到卸板机中.

(5) 后处理工段. 毛板停留在卸板机中, 然后被运输机送至冷却进板运输机, 由冷却进板运输机送到凉板机中进行冷却, 然后由冷却出板运输机送到纵横裁边截断机进行裁边分割, 最后经干板运输机运至升降台堆垛.

(6) 砂光工段. 经冷却堆垛的刨花板被送到砂光生产线进行砂光、分检、入库.

随着时代的进步和科技的创新, 人们在生产、生活中对木制品性能需求不断提高, 刨花板生产工艺也在不断发展. 与密度纤维板生产相比较, 刨花板生产有如下几点优势:

① 生产刨花板不需要经过水洗, 生产中密度纤维板对环境造成的污染比生产刨花板要严重;

② 从对原材料的要求角度看, 生产刨花板可以利用小径材、枝桠材甚至废弃木料生产, 因此对原材料要求比较低;

③ 生产刨花板对于设备的要求不高, 这样可以很大程度上降低生产成本.

所以大力发展刨花板产业更符合我国的节能减排和可持续发展的定位. 刨花板干燥、施胶、热压是刨花板生产过程中三个非常重要的工艺, 这三个工艺直接决定生产质量和生产成本. 木材干燥是木材加工过程中能耗最大的工序, 约占加工总能耗的 40%—70%. 木材干燥过程有其特有的复杂性, 干燥因素以非线性的方式相互影响. 在木材干燥过程中, 含水率的多少以及温度的高低都会影响木材干燥的效果, 从而影响刨花板产品的质量和性能. 所以, 准确及时地预测木材干燥过程的含水率变化情况, 从理论上分析水分迁移和热量传递的动态规律, 可以有效提高木材干燥效率, 改进干燥工艺, 节约成本, 对改善木材性能具有重要的指导意义 [1,2].

由于不同原材料加工成的刨花形状不一, 要将其混合起来压制成板, 单纯靠木材自身组分进行组合几乎是不可能的, 必须通过施加胶粘剂使不同材质的刨花相互胶合成板. 刨花板施胶控制系统主要是胶液流量跟随刨花流量动态变化的过程. 在整个刨花板生产过程中, 调施胶系统所占比例虽然不大, 一般情况下, 整个调胶施胶系统的设备投资仅占整个生产线设备投资的 3%—6%, 但调施胶工序却是衡量刨花板生产技术水平的主要标志之一, 其性能直接影响产品质量和生产成

本 [3]. 由于刨花的表面积较大, 加之刨花的原材料可能不同, 只有对刨花和胶液进行合理配比, 并尽可能确保少量的胶液均匀地分布在大量的刨花表面, 才能使刨花较好的胶合, 实现减少成本、降低污染的目的. 刨花板生产中的施胶过程是指, 将胶粘剂和所需的添加剂 (如防水剂、固化剂等) 按胶粘剂和刨花原料的比例合理混合, 均匀地喷洒到刨花原料 (木材、竹材、农作物秸秆等) 表面, 然后通过拌胶设备确保胶液均匀分布在刨花表面. 施胶技术包含刨花原料计量、胶粘剂计量与调胶、施胶、原料与胶粘剂混合拌胶等技术.

施胶工艺、施胶方法、施胶设备以及刨花形态与大小等因素都会不同程度地影响胶液在刨花表面分布的均匀性. 施胶比是指施胶过程中加入拌胶机的胶液质量流量与刨花质量流量比. 随着传感器技术、自控技术、工业化生产的飞速发展, 越来越多的新技术被应用到施胶工艺中. 很多学者为了减少生产成本, 提高产品质量, 开始将研究重点转移到精准施胶和均匀施胶等方面. 施胶量的多少不仅与刨花的品类、含水率、形状、刨花板用途等因素有关, 还与刨花的调胶计量、施胶方法、混合拌胶等施胶技术设备方式有关. 影响刨花板产品质量和生产成本的重要因素是胶粘剂用量、施胶准确性和均匀性. 在同样的生产工艺条件下, 施胶量过低会导致刨花可塑性小, 刨花板不易压实, 直接影响板材的静曲强度、抗拉强度、吸水厚度膨胀率等物理力学性能, 这些物理力学性能都会随施胶量的减少而降低, 进而导致产品质量下降甚至产品不合格. 施胶量过高则会增加产品成本, 浪费原材料, 并且会导致施胶后的刨花含水率过高, 容易产生鼓泡现象, 而且释放的甲醛等物质还会造成环境污染, 影响健康. 另外, 在实际生产过程中, 刨花板施胶过程中也容易发生刨花堆料、泵堵、高料位等故障, 这些故障的产生也会对产品质量、生产成本造成很大影响.

由于施胶管道压力、距离等因素的影响, 系统结构之间存在非线性影响、时间延迟及大惯性等诸多问题, 被控对象的精确数学模型一直很难获得. 降低胶液损耗和提高控制精度是改进刨花板施胶工艺的两个重要途径. 胶液在管道运输中需要时间, 因而存在传输过程中控制系统滞后问题, 而在现场工作中常常忽略滞后时间, 控制系统缺乏实时性, 不仅浪费原材料还会因施胶比例的误差影响板材的质量. 另外, 对于压制成型的成品板, 如何快速、准确地评价其施胶效果, 给出衡量标准, 也是刨花板生产与研发过程中的学者们关注的问题之一.

在整个刨花板生产设备中, 施胶工序是刨花板生产技术水平的重要标志之一, 能否按要求达到准确配比和按比例均匀施胶是衡量施胶系统质量水平的关键, 也是节约资源、保护环境的重要手段. 因此, 对施胶工序进行合理的数学建模, 分析模型的稳定性, 从理论上研究刨花板施胶过程的特性和机理, 从而有效控制施胶系统, 对提高产品质量、提高自动化生产水平、减少资源消耗、改进工艺、节约成本、提升刨花板的发展空间等具有十分重要的意义 [4,5].

1.1.2 微分方程稳定性理论的研究背景及意义

常微分方程在很多领域都有着广泛的应用, 关于常微分方程的基本理论已经发展的比较完善 [6-9]. 延迟微分方程的相空间是无穷维的, 所以对于延迟微分方程的理论研究也更为复杂性. 近几十年, 延迟微分方程理论不断发展, 出现了许多重要的研究成果 [10-17]. Hale 和 Lunel [10] 针对有限时滞的延迟微分方程发展了解的有界性、稳定性、渐近性以及周期性等结果.

分岔现象广泛存在于自然界中. 分岔现象是指, 当系统参数发生较小扰动时, 系统的拓扑结构发生定性改变的现象. 早在 18 世纪, 学者们在对力学中的失稳现象进行研究时便发现了分岔现象. 随后, 随着学者们对动力系统理论、非线性分析、微分方程现代理论等领域的研究, 相应的理论和方法逐步形成, 并与多学科进行了交叉应用研究 [7,8,18-22]. 这些分岔现象大体可以分为两类, 即: 静态分岔和动态分岔 [6-9]. 如果分岔现象中只出现了关于不动点性质的变化, 即不动点个数的变化或者不动点稳定性的变化, 则称这类分岔为静态分岔 (也称不动点分岔), 如鞍结点分岔、超临界分岔、干草叉分岔等; 否则, 称为动态分岔, 如 Hopf 分岔、Bogdanov-Takens 分岔、双 Hopf 分岔等. 特别地, 在某些高余维分岔临界值附近系统可能产生一系列复杂的动力学现象, 比如周期现象、拟周期现象甚至混沌现象. 因而, 研究系统的高余维分岔现象及其动力学性质, 对于分析系统的平衡解的稳定性具有重要的研究价值. 一般来说, 如果非线性系统在平衡解处的线性化系统的特征方程具有零实部特征根, 即系统具有非双曲平衡解, 那么该系统的平衡点附近的拓扑结构是不稳定的, 系统会经历分岔现象. 对于常微分方程, 其特征方程的根有有限多个, 因而判断常微分方程分岔的存在性是比较容易的. 但是对于延迟微分方程, 由于其相空间是无穷维的, 其特征方程是具有无穷多个根的超越方程. 因此, 分析不动点的稳定性及分岔的存在性就变得十分复杂 [23-25].

在研究非线性微分方程动力学性质时, 特别是在考虑微分方程的稳定性和分岔性质时, 计算微分方程的分岔规范型是极其重要的, 它有助于分析系统的动力学性质. 事实上, 在研究分岔性质时, 一般需要将系统进行简化处理, 通常的方法是采用一系列的变量代换得到相对于原系统更为简单的形式 [6-9,26,27]. 中心流形约化 (Center Manifold Reduction, CMR) 方法 [6-8,28](也称中心流形方法) 和多时间尺度 (Multiple Time Scales, MTS) 方法 [29-32](也称多尺度方法) 是计算微分方程规范型的两种有效的方法. 数学领域的研究者主要采用中心流形约化方法来计算分岔的规范型, 而在工程应用领域的研究者多半采用多时间尺度方法计算规范型.

另外, 理论研究也是为了更好地指导实践, 将数学理论与相关应用学科相结合, 提出新的问题, 进而推动数学及相关学科的发展, 这不仅为数学研究者带来挑战, 同时也为学者们实现跨学科交流带来了新的研究方向. 当考虑到时间延迟带来的影响时, 系统相空间的维数变为无穷维, 其特征方程是具有无穷多个根的超越方程, 分析特征方程根的分布情况及分岔的存在性就变得十分复杂, 而延迟、耦合、非线性等因素的引入往往会导致系统产生更复杂的动力学现象. 在实际问题中, 我们关心参数如何影响系统解的动力学性质, 如: 参数在哪些范围内不改变解的稳定性、周期性; 参数穿过哪些临界值时系统解的拓扑结构将发生"突变"; 几个参数共同作用时能产生哪些高余维分岔现象; 在高余维分岔临界值附近系统解的拓扑结构的完整分类等, 而将上述理论研究的结果应用到刨花板施胶过程中, 可以从理论上解决控制参数调节问题, 有效控制施胶比例及其他影响因素. 特别地, 某些高余维分岔临界点附近往往伴随同宿轨、异宿轨, 该轨道的破裂可能引起混沌现象, 而该现象对于刨花板生产中施胶过程的搅拌机内原料充分接触具有至关重要的作用.

综上所述, 引入延迟、非线性、耦合等重要影响因素, 建立更符合实际的刨花板施胶过程中的若干局部数学模型, 并从分岔 (特别是高余维分岔) 角度分析系统动力学性质, 对于刻画实际微分方程中多样复杂的动力学现象、揭示复杂现象产生的内部根源、并有效地预测或者控制此类系统具有重要的理论和实际意义. 无论从研究的复杂性还是讨论问题的深入程度, 本书都具有重要的理论意义和应用价值, 也必将继续受到国内外学者的广泛关注.

1.2　刨花板施胶系统工艺

刨花施胶工序在刨花板制造中占有重要地位, 它不仅直接影响刨花板的生产成本, 而且在很大程度上影响刨花板的产品质量. 因此, 各国都非常重视刨花板施胶设备的研究和开发工作. 刨花板施胶系统由原料 (刨花、纤维等) 提供装置、胶液提供装置和拌胶机组成 (见图 1.3). 其中, 原料提供装置用于供给整个系统的原料使用, 由进料螺旋和称重传送带 (皮带秤) 螺旋将原料运输到搅拌机里面, 称重传感器和旋转编码仪用来测量皮带秤上的原料的重量和皮带秤的转速; 胶液提供装置由施胶控制泵和流量计组成; 搅拌装置把胶液和原料通过拌胶机进行混合搅拌. 刨花板施胶工作过程为: 原料通过进料螺旋和阀门, 由螺旋输送器和称重传送带将原料运送到搅拌装置里. 在原料输送过程中, 控制系统通过采集皮带秤上的称重传感器的瞬时原料称重信号, 根据输入施胶量计算出相应的瞬时施胶重量, 再根据施胶泵转速和泵输出量的关系计算出相应施胶泵转速, 再经数模转换, 输出相应的电压, 控制施胶泵的实际转速, 将胶液通过阀门、流量计和管道输送到搅拌装置里与原料搅拌混合.

在刨花板生产过程中, 施胶工序就是通过调节刨花与胶粘剂的比例来控制施胶量, 在拌胶机中使胶液均匀地分布在刨花上. 工程上的拌胶机施胶主要有两种

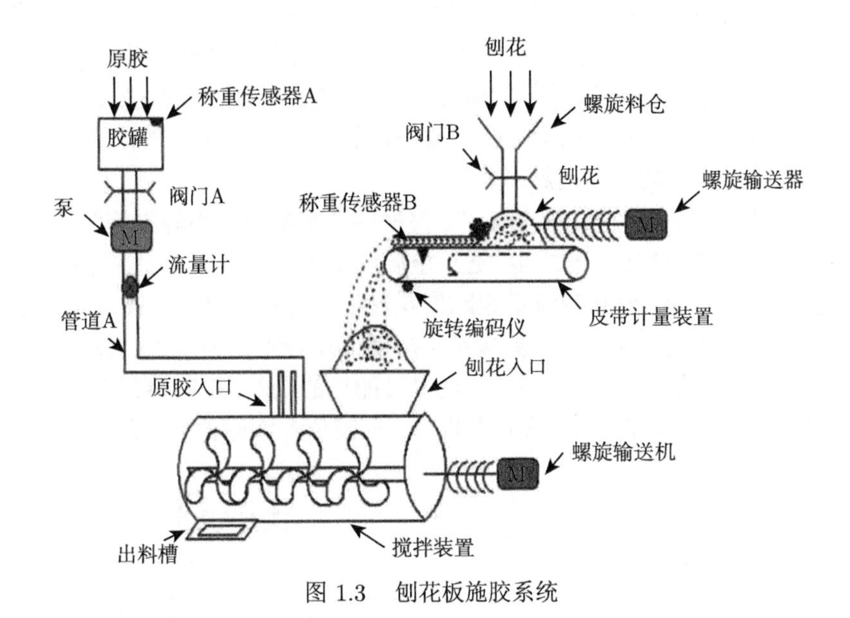

图 1.3 刨花板施胶系统

方法, 一种方法是将各类胶粘剂借助压缩空气呈雾状喷入, 分别加到拌胶机内, 使得胶液与刨花充分混合; 或者在常压下分别加入搅拌机内, 靠高速搅拌使胶液达到均匀混合. 另一种方法是将各类胶粘剂混合在一起, 配制成混合胶, 然后将混合胶加入到拌胶机内, 通过高速搅拌使混合胶均匀地分布在刨花的表面. 目前工业生产中偏重于第二种施胶方法. 刨花板施胶方式主要有以下两种: 液态流胶、雾化施胶. 液态流胶也叫淋胶法, 是根据刨花流量的多少, 按比例向拌胶设备中添加胶液, 胶液流入拌胶设备中并与刨花混合, 依靠刨花之间的相互接触摩擦作用将胶液分散到刨花表面. 但是这种方法需要大量的胶液, 胶液总量的控制性较差, 施胶效果的均匀性欠佳. 雾化施胶方法则是通过喷雾装置的旋转或振动, 将胶粘剂分散成不同尺寸的细小胶滴, 喷洒在刨花表面. 相同施胶量的情况下, 雾化施胶法相比液态流胶法更有优越性, 前者施胶更均匀, 且可改善成品板的物理力学性能. 在施加混合胶时, 由于固化剂、防水剂等材料会带入部分水分, 有时表层混合胶中还要加入部分水, 因此, 混合胶的液体含量相对高一些. 在这种施胶工艺条件下, 表层胶和芯层胶分别按不同的配方比例调制, 调好的混合胶分别贮存、计量、然后进行施胶. 施胶后的表层刨花和芯层刨花分别被装入铺装机进行表层铺装和芯层铺装, 铺成三层构板坯, 也可以混合在一起进入同一铺装机内, 铺成渐变结构的板坯.

施胶系统根据刨花板原材料和施胶工艺的不同, 主要分为普通刨花板施胶系统、定向刨花板施胶系统和农作物秸秆板施胶系统. 在原料计量方面, 普通刨花板、定向刨花板和农作物秸秆板有相似之处; 在调施胶工艺与设备方面, 普通刨花板和定向刨花板都使用脲醛树脂胶等胶粘剂, 而农作物秸秆板由于使用异氰酸酯胶粘剂, 施胶量无需过多, 胶粘剂的储存和施胶方式也有很大的区别; 在胶粘剂与刨花混合拌胶方面, 普通刨花板、定向刨花板和农作物秸秆板都需要避免刨花形态破碎、混合拌胶不均匀的问题.

刨花板施胶控制过程如下: 第一步, 根据刨花流量的大小确定施胶量, 设定刨花流量与胶液流量的配比; 第二步, 通过电磁流量计测量施胶流量, 利用反馈结果控制施胶电机的转速, 使施胶流量跟踪刨花流量进行实时调节. 图 1.4 是刨花板施胶流量闭环控制流程图. 流量测量是将电磁流量计测量值与控制器的期望值进行比较, 把误差传输到控制器, 为了保证尽可能小的误差, 控制器需要不断地调整电机转速, 从而调节流量输入, 从而不断缩小期望值与实际值之间的误差.

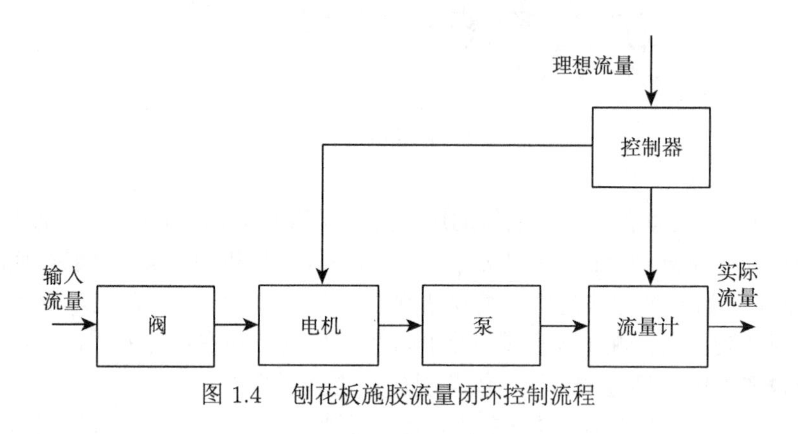

图 1.4　刨花板施胶流量闭环控制流程

1.3　国内外研究现状

在欧洲, 刨花板一直被认为是最有产品价值和性价比较高的木质原材料. 我国刨花板产量目前已经位居世界前列, 但是我国刨花板行业的发展也遇到了瓶颈, 要取得更大的发展还有很多工作要做. 为了有效提高工艺水平, 国内大量的刨花板生产企业不断地聘请专业人才、引进国外先进的生产设备. 近年来, 随着刨花板生产工艺的不断优化, 产品性能和品质都在不断提高, 刨花板产品的使用范围也在不断拓展, 整个市场对于刨花板产品的需求呈稳步增长的趋势, 这也在很大程度上促进了刨花板行业的良性发展. 但是, 用在建筑材料上的刨花板产品比例不到 20%, 应用更多的是在装修、家具、橱柜等领域, 这与国外发达国家 40%以上的比例都应用在建筑材料上还是有明显差距的. 改革开放以来, 特别是近二十年来, 持续升温的房地产热带动住宅装修, 为人造板产品带来了具有巨大的市场潜力. 2008 年美国次贷危机引发的全球金融危机也影响着我国经济、金融等领域, 房地产业特别是与之相关联的建筑装修装饰材料行业深受影响, 占绝对比重的刨花板产品的销售严重受阻 [33], 各厂家为了盘活库存, 启动生产, 不惜降价销售, 相关的建筑装修装饰材料行业也蒙受损失. 要想进一步发展, 增加产品品种、改善产品功能, 以适应不同领域、不同用途的刨花板需求是我国刨花板生产行业面临的主要问题. 我国之前生产的绝大多数的刨花板是用于家具制造行业的刨花板, 该结构适用于干燥的家居环境, 能满足现代贴面技术的一般要求. 但是这种单一的品种远远不能满足不断发展的市场的广泛需求, 很多厂家已研制和生产出适用于造船业和高层建筑所需要的防潮、阻燃刨花板, 这也激励着我国刨花板生产行业不断创新发展. 另外, 具有防潮、隔音、耐磨、阻燃等复合特性的新型刨花板也越来越成为刨花板生产发展的新的导向 [34].

与部分发达国家相比, 我国刨花板生产水平、生产设备、生产工艺和自动化水平都相对落后, 特别是在调施胶技术方面, 与国外先进的生产工艺仍存在一定的差距, 具体的问题表现为以下几点:

(1) 从胶液配比的环保性与健康性来讲, 如果醛类胶中甲醛含量较低, 则会影响醛类的固化速度, 从而降低板材的物理性能; 但是如果甲醛含量增加, 虽然可以提高醛类胶的固化速度, 但是又会造成成品板材中游离甲醛的释放量超标、污染环境、影响健康. 近年来人们的环保意识和健康意识不断地提高, 刨花板生产中大量使用的醛类胶粘剂 (酚醛树脂胶、脲醛树脂胶等) 会释放甲醛等有害物质, 对环境造成污染, 对人体健康造成危害. 所以, 无甲醛释放的环保型胶粘剂 (异氰酸酯胶等) 越来越受到人们的青睐, 但是环保型胶粘剂的生产成本较高, 所以还需要加大新型低毒甚至无毒胶粘剂的研发与应用工艺的研发投入力度.

(2) 从施胶工艺来说, 我们刨花板施胶工艺会导致计量不确定性、工作可靠性差等问题, 从而导致胶液会提前预固化、胶液性能下降、胶液用量偏大、施胶不稳定不均匀、浪费严重、生产成本较高, 不能满足环保型胶粘剂的调配施加要求. 所以, 改进施胶工艺势在必行. 胶粘剂用量、施胶准确性和均匀性是影响刨花板产品质量和生产成本的重要因素. 施胶量过低直接影响成品板的物理力学性能, 静曲强度、抗拉强度、吸水厚度膨胀率达不到标准要求, 导致产品质量不合格. 由于目前刨花板产品的国家质量检测标准中缺少关于含胶量的定性检测标准, 很多厂家为了使板材性能达到较高标准, 会在刨花板生产过程中大量使用胶粘剂. 施胶量过高不仅浪费原材料, 增加生产成本, 而且会影响身体健康, 造成室内外环境污染. 因此, 改进刨花板施胶工艺、分析刨花和胶液的合理配比是刨花板生产过程中亟待解决的问题 [35-37].

(3) 从设备上来说, 国内一些企业规模有限, 缺乏技术人才和资金, 导致设备更新不及时. 另外, 部分国内企业单纯靠引进国外技术, 缺乏自主创新能力, 无法适应新工艺、自动化控制的要求. 所以, 引进先进设备和工艺的同时, 更要从自身提高创新能力和水平.

为了提高刨花的胶合质量, 必须使有限的胶粘剂均匀分布到刨花表面, 施胶量的准确性和均匀性与胶粘剂调胶计量方法、施胶方法、拌胶方式和刨花原料计量方式等因素有关 [38-40]. 施胶量的大小与刨花原料的种类、形态、含水率、施胶工艺、板材的用途等多种因素有关. 刨花板生产线中的施胶系统一般包含原料计量, 胶粘剂计量, 添加剂计量与调胶、施胶、原料与胶粘剂混合拌胶四个部分. 随着刨花板生产水平的不断提高, 生产过程中融入了越来越多的诸如计算机数控、智能传感器等科技元素, 刨花板施胶工艺在品种数量、计量精度、新方法、自动化、集成化及高新技术应用等方面都有了飞速的提升. 国外刨花板施胶技术以意大利 Imal 公司、德国 Dieffenbacher Schenck 人造板公司、原芬兰 Metso 人造板机械公司为代表, 其技术产品与 Siempelkamp, Dieffenbacher, Metso 三大人造板机械成套设备集团公司的生产线配套, 无论是产品质量、生产总量, 还是产品总值, 在国际市场中都位居领先位置.

在刨花原料计量方面, 一般采用体积与重量同时或分体计量的方式, 这种方式可以有效降低由于刨花种类、含水率、供料不均匀等问题带来的计量误差. 同时计量设备的动态称重功能也可以实现对刨花的实时称重计量, 节约了称重时间, 增加了称重的准确率, 可以满足工厂的连续生产要求.

在调胶计量方面, 普遍采用模块化操作平台, 在刨花板通用工艺的基础上, 根据板种的变化, 各模块之间能够互相组配, 通过工业以太网或现场总线通信协议完成模块间数据通信, 以提供不同的调胶方案. 通过可编程逻辑控制器 (Programmable Logic Controller, PLC) 技术采集、处理和统计各胶液比例和计量结果, 实现调胶计量的自动控制. 利用工业组态软件采集和管理数据, 提升调供胶管理和控制系统水平.

在施胶方法方面, 根据不同胶粘剂的粘合特点, 主要采用气流式、压力式和旋转式三种施加方法. 对于施胶量大的胶种, 如脲醛树脂胶, 多数采用气流式和旋转式雾化施胶; 对于成本高、施胶量少的胶种, 如异氰酸酯胶, 主要采用气流式和压力式雾化施胶. 如何将少量的胶液均匀地分布到大量的刨花表面上, 有效降低施胶量, 是具有研究意义和研究价值的重要课题.

在刨花原料与胶粘剂混合拌胶方面, 主要有环式单轴、环式双轴和滚筒式等混合拌胶方法. 环式拌胶机在刨花原料混合拌胶方面应用较多, 技术日趋成熟, 通过调节冷却水温度、控制拌胶时间、降低主轴转速等措施减少刨花破损, 增强刨花原料与胶粘剂混合的均匀性.

在刨花板施胶过程中, 随着刨花板生产工艺对环境保护的要求越来越高, 刨花板游离甲醛释放量超标, 板材静曲强度、抗拉强度等物理性能差, 施胶量偏大,生产成本较高, 原材料浪费严重等问题, 又严重制约了环保型刨花板、纤维板生产能力的发挥, 我国刨花板生产设备普遍存在设计与生产工艺研究相脱节, 自动化、数控化水平低, 难于实现精准化生产, 资源浪费严重, 环保意识差等问题, 这也成为我国刨花板生产线普遍存在的关键性生产技术难题. 刨花板施胶过程是一个复杂的大系统, 并且存在大滞后、非线性和强耦合等因素的干扰, 很难进行精准的数学建模 [41,42], 基于假设的数学模型提出的控制方法需要在线整定, 这种基于经验的在线整定方法稳定性差, 控制效果不理想, 很难真正实现预期的控制设想和性能要求. 目前学者们主要从施胶过程的若干局部问题入手, 建立分析局部模型, 从而给出实践指导. 然而现有模型为了处理问题的简化, 往往忽略时滞、耦合等重要因素的影响, 并将非线性系统进行线性化近似, 从而考虑线性系统的局部稳定性 [41-45]. 这对于分析施胶过程的动力学性质, 有效地控制施胶比例及其他影响因素是远远不够的. 近几年, 有学者在现有的常微分线性方程基础上, 考虑到非线性、时间延迟等因素, 建立并分析了系统的动力学性质 [46,47].

近年来, 在刨花板施胶控制技术方面, 针对如何提高调施胶设备和应用技术水平, 国内一些科研机构和企业陆续开展了多项研究. 文献 [48-50] 研究了调施胶工艺的控制技术, 重点研究了 PID 控制和模糊自适应控制技术. 文献 [51] 介绍了并行在线施胶工艺, 选取与该设计工艺相适应的设备及控制系统. 目前, 国内很多控制结果都是基于经验估计、非线性系统的线性化, 并且在忽略干扰因素的情况下得出的, 控制方法很难达到施胶系统的工艺要求及某些期望的性能指标. 事实上, 在实际刨花板施胶过程中, 系统模型的不确定性和系统的一些干扰因素都无法忽略. 文献 [52] 针对刨花板生产线喷雾式连续拌胶机雾化程度不好、拌胶机故障率高等问题进行时间轴和因果轴分析, 建立功能模型, 找出存在的技术矛盾, 通过查找矛盾矩阵表, 并运用 TRIZ 理论的创新原理解决矛盾, 最后应用 Pro/Innovator 计算机辅助创新平台建立喷雾式连续拌胶机施胶模型, 得到了改进的喷雾式连续拌胶机的创新设计方案. 文献 [53] 针对刨花板施胶过程中存在的结构和参数不准确性, 在刨花板施胶系统辨识模型的基础上, 建立了干扰情况下的施胶控制系统广义模型, 将其转化为标准的 H_∞ 控制器设计问题, 并通过线性矩阵不等式 (LMI) 求解鲁棒 H_∞ 状态反馈增益矩阵. 为了揭示不同生产工况下, 施胶管路内的胶液流动、滞后时间、施胶压力等参数的变化规律, 文献 [54] 建立了施胶系统的流体动力学模型, 设计了数字信号处理 (Digital Signal Processing, DSP) 为下位机控制核心的建模系统, 并实现了对动力学建模所需的相关数据的采集.

延迟微分方程既依赖于当前时间的状态, 又依赖于过去时间的状态, 因而, 延迟微分方程往往比常微分方程能够更加客观的描述实际问题. 近几十年, 由于实际问题的需要, 在金融学、医学、工程应用学等领域提出了大量的延迟微分方程模型, 这些模型的提出有力地推动了延迟微分方程基本理论的研究, 反过来, 这些理论结果又更好地指导实践, 从而推动科技的进步. 在对动力系统和非线性微分方程的研究中, 分岔, 特别是对于 Hopf 分岔的研究受到广大学者的关注, 具体包括 Hopf 分岔的存在性、分岔方向、分岔周期解的稳定性及规范型计算等一系列问题 [55,56].

高余维分岔临界值附近往往伴随着诸如周期解、拟周期解、甚至混沌等复杂的动力学行为, 近年来, 研究者们已经开始研究高余维分岔的存在性以及高余维分岔约化在中心流形上的规范型问题 [57-64]. 几十年来, 对于微分方程规范型的计算一直是微分方程领域的一项重要研究内容, 受到国内外学者的极大关注. 对于延迟微分方程规范型的计算主要有两种方法, 一种方法是数学领域研究者们采用的中心流形约化方法, 另一种方法是工程领域研究者们更愿意采用的多时间尺度方法.

对于中心流形约化方法又具体分为两种方法: 一种是以 Hassard 等给出的文献 [65] 为代表的方法, 主要是研究 Hopf 分岔规范型问题, 该方法首先需要将延迟微分方程转化为算子微分方程, 将解空间分解到稳定流形和中心流形上; 接下来, 利用算子微分方程的伴随理论, 将全空间投影到中心流形上, 最后计算中心流形上的 Hopf 分岔规范型的重要系数, 根据系数的实部的正负情况来判断分岔周期解的稳定性及分岔方向. 另一种是以 Faria 和 Magalhaes 给出的文献 [66, 67] 为代表的方法, 该方法不需要计算平衡点附近的中心流形, 而是将原系统的延迟微分方程看作无穷维相空间上的一个抽象的常微分方程, 然后通过变量代换直接求解原系统的规范型. 该方法不仅仅局限在 Hopf 分岔规范型, 还可以计算其他各类不含参数或者含参数的分岔规范型, 例如 Hopf-zero 分岔规范型、双 Hopf 分岔规范型、B-T 分岔规范型. 很多学者已经利用该方法给出的中心流形约化方法研究了几类延迟微分方程的高余维分岔规范型 [57-64].

多时间尺度方法最初是用来求解工程领域的振动问题. Van[68] 采用变形坐标的方式最早讨论了该方法. 随后, 根据天文学家 Lindstedt 的想法, Poincaré 给出了一个标准的摄动方法, 称为 Lindstedt-Poincaré 方法 (简称 LP 方法), LP 方法对于多时间尺度方法的建立具有重要的研究意义和不可磨灭的历史贡献. 1949 年, Lighthill[69] 给出了更一般的多时间尺度方法, 随后, Krylov 和 Bogoliubov 针对该方法给出了进一步的改进. 然后, Kevorkian 和 Cole[70] 针对 Krylov 和 Bogoliubov 改进的多尺度方法引入了双尺度展开形式, 这为后续的多尺度方法的发展奠定了基础. 在研究二阶标量微分方程时, 为了研究微分方程的复杂的周期振动行为, 双尺度方法被逐渐发展推广为多时间尺度方法. 进而, 该方法被应用于研究一般的微分方程组的周期振动问题中, 推广后的多时间尺度方法也是目前较为标准的多时间尺度方法.

数学领域的学者常利用中心流形约化方法计算各类分岔规范型, 该方法需要大量的数学知识, 即使借助计算机编程, 利用中心流形约化方法计算规范型仍然需要大量的繁琐计算, 特别是对不熟悉中心流形约化方法的学者. 因而, 工程领域的学者更喜欢利用入手简单的多时间尺度方法计算分岔规范型. 多时间尺度方法通过比较对应幂次的系数表达式, 将稳定流形约化到中心流形上, 利用 "可解条件" 直接推导出分岔规范型, 基于这一方法, Yu[71,72] 给出了常微分方程的计算 Hopf 分岔的 Maple 程序, 该程序可以利用计算机直接计算出给定的常微分方程的分岔规范型. Fortran 程序包 [73] 和利用 Maple 实现的计算规范型方法 [74] 也是目前学者们常用的计算常微分方程的分岔规范型的程序.

综上所述, 建立更符合实际的刨花板施胶系统的非线性延迟微分方程模型, 分析模型的稳定性及分岔现象, 可以帮助我们发现复杂的动力学现象, 准确地解释、预测和控制系统的动力学行为, 从而针对模型的具体背景及实际工程问题从理论上给出有价值的实践指导. 这方面的工作并没有形成非常完善的理论结果, 具有很大的研究空间.

1.4 本书的主要工作

刨花板施胶过程是一个复杂的大系统, 很难建立一个描述整体施胶过程的精准的数学模型, 本书将从刨花板施胶过程中的几个局部问题入手, 建立局部微分方程模型, 再将理论分析的结果应用到具体问题中, 从而从理论上指导实践, 对于理论研究部分和应用研究部分的具体说明如下:

(1) 理论部分: 研究几类时滞微分方程的稳定性及分岔现象等动力学性质, 分析系统具有稳定性 (稳定平衡态、稳定周期态、稳定拟周期态等) 时参数的取值范围, 阐明不同动力学性质产生的内部根源.

(2) 应用部分: 在现有模型的基础上改进并建立施胶过程中的若干局部非线性延迟微分方程模型, 分析模型的稳定性、分岔现象等动力学性质, 有效地控制各类系统, 最终结合模型的实际背景从理论上给出有价值的实践指导.

本书后续章节是在现有的关于刨花板施胶模型的基础上, 引入时间延迟、非线性、耦合等重要因素, 改进并建立刨花板施胶过程中的若干局部非线性延迟微分方程模型. 具体研究方法和实施方案如下.

(1) 研究方法

本书理论部分采用的主要方法是特征值分析方法、中心流形方法和规范型方法, 计算中结合了多时间尺度方法和计算机符号计算的辅助工具. 本书主要集中在建立刨花板生产过程中的若干非线性延迟微分方程模型, 并讨论系统平衡点附近的稳定性、系统的分岔行为及分岔临界点附近的动力学性质, 从而根据理论研究结果给出有价值的实践指导.

(2) 实验方案

首先, 从现有的若干局部线性常微分方程入手, 考虑实际过程中的时间延迟和非线性等重要影响因素, 结合实验数据及模型背景, 建立合理的延迟非线性微分方程模型.

其次, 分别利用特征值分析方法、中心流形方法、规范型方法、多时间尺度方法及常微分方程定性理论的知识研究上述延迟非线性系统特征方程根的分布情况, 分析其稳定性, 确定系统产生分岔的条件, 展示由分岔现象引起的复杂动力学行为, 揭示参数对系统稳定性及分支存在性的影响.

再次, 在理论分析的基础上, 结合相应参数的实际意义, 确定系统产生不同动力学行为的参数范围, 利用 Matlab, Maple 等软件展示由这些分岔引起的稳定平衡态、稳定周期运动、稳定拟周期运动等复杂的动力学行为, 并结合系统的实际背景给出相应的稳定性分析及合理的控制策略, 将理论结果应用到实际问题中.

最后, 若理论分析的结果与实际现象有出入, 分析其原因, 并进一步改进优化模型、重复上述过程, 从而建立与实际较为相符的延迟非线性微分方程模型, 并借助理论分析的结果控制、预测实际系统, 最终给出有价值的理论解释和实践指导.

(3) 技术路线 (见图 1.5)

本书主要研究刨花板施胶过程中的几个微分方程, 在现有的线性常微分方程的基础上引入时间延迟和非线性等影响因素, 建立更符合实际的延迟非线性微分方程模型. 应用特征值分析方法研究系统的稳定性及几类分岔现象的存在性, 利用多时间尺度方法推导系统的各类分岔现象的规范型, 从而详细分析几类延迟微分方程的稳定性及分岔现象等动力学性质, 分析系统具有稳定性 (稳定平衡态、稳定周期态、稳定拟周期态等) 时参数的取值范围, 阐明不同动力学性质产生的内部根源, 并结合模型的实际背景, 给出数值仿真结果及相应的动力学现象分析, 从理论上给出有价值的实践指导.

本书主要介绍了刨花板施胶过程中的几类延迟微分方程的动力学性质, 例如: 齿轮泵下游的球阀运动的主动控制系统、非线性液压缸系统、变频调压供水系统、机电耦合系统、传送带摩擦系统. 本书共分 7 章, 第 1 章是绪论, 主要介绍本书内容的研究背景及研究现状. 第 2 章是预备知识, 分别介绍了常微分方程和延迟微分方程的稳定性理论、分岔理论, 以及计算微分方程分岔规范型的中心流形约化方法和多时间尺度方法. 第 3 章到第 7 章是本书的主体部分, 针对刨花板施胶过程的几类模型, 每章介绍一个模型, 分别针对不同模型介绍研究背景、数学建模、稳定性分析及分岔性质, 主要工作如下:

第 3 章, 针对施胶过程中紧靠泵下游的球阀回位不佳的问题, 研究了描述球阀运动特性的非线性延迟主动控制系统, 分析了模型平衡点的存在性, 利用特征值分析方法分析了平衡点的稳定性, 给出平衡点稳定的条件; 进一步研究了 Hopf

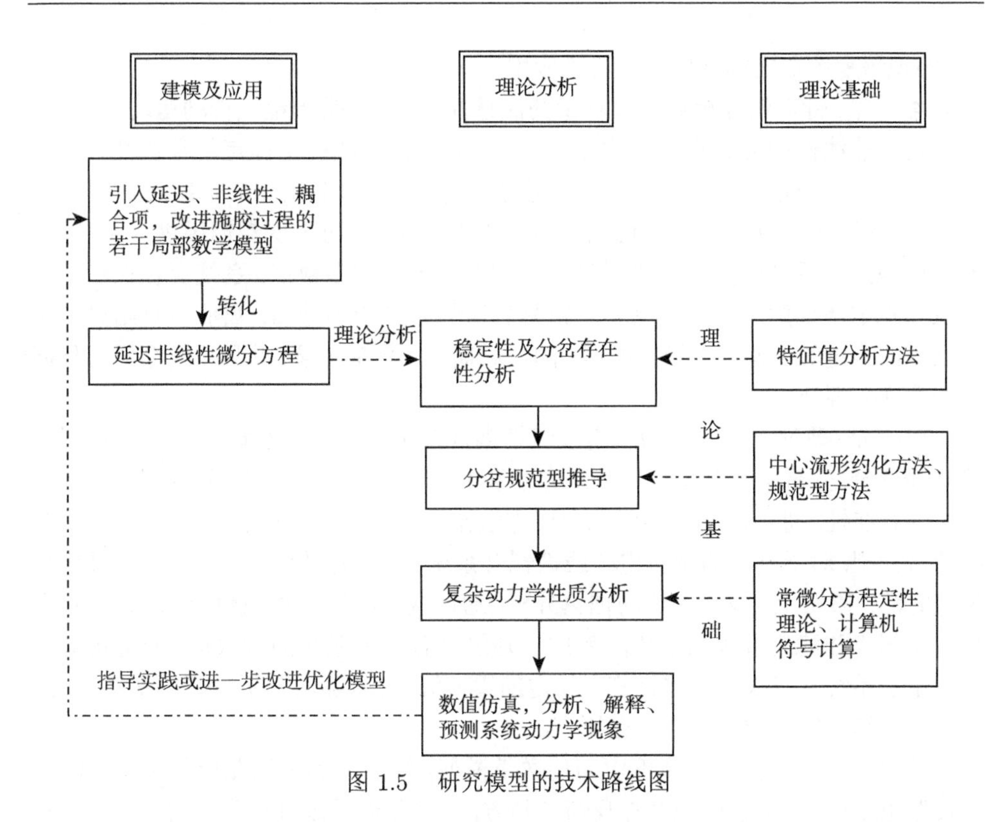

图 1.5　研究模型的技术路线图

分岔、双 Hopf 分岔的存在性, 给出关于平衡点稳定性及分岔存在性的定理. 进一步, 利用多时间尺度方法推导了双 Hopf 分岔的规范型, 并分析了分岔临界点附近的局部拓扑结构的完整分类. 最后, 考虑主动控制系统在刨花板调施胶过程中的应用实例, 给出了稳定平衡点、稳定周期解及稳定拟周期解的数值仿真结果, 验证理论分析的结果. 针对球阀回位不佳的问题, 给出有效地控制方法, 从理论上给出了保持球阀能稳定运动的控制参数的取值范围, 从而可以利用理论分析的结果给出实践指导.

第 4 章, 研究了具时滞的非线性液压缸系统的动力学性质. 首先, 基于滑阀的流量方程、液压缸流量连续性方程和液压缸与负载的力平衡方程, 建立了描述延迟非线性液压缸运动特性的微分方程. 其次, 利用分岔分析的方法定义了该系统的静态分岔、Hopf 分岔、Hopf-zero 分岔、双 Hopf 分岔、三 Hopf 分岔的临界值. 进一步, 利用多时间尺度方法推导出 Hopf-zero 分岔临界点附近的规范型. 最后给出两个具体实例验证理论分析的结果. 按照上述理论分析结果, 通过调节泄漏流量和泄漏时滞, 可以把液压缸系统控制到一个新的状态. 本章通过理论分析, 给出使得系统具有稳定状态的参数取值范围. 因而, 按照上述的理论分析, 对于具时滞的非线性液压缸系统, 可以选取适当的控制参数, 从而准确描述系统的动力学行为, 实现该系统在实际问题中的各类应用.

第 5 章, 针对刨花板施胶过程中的流量控制问题, 基于电气传动运动方程, 建立了延迟非线性的变频调压供水系统, 并研究了该系统的平衡点的存在性、稳定性及几类分岔的存在性. 推导了该系统的 Hopf 分岔和 Bogdanov-Takens 分岔的规范型, 刻画了分岔临界点附近拓扑结构的完整分类. 对于变频调压供水系统, 需要有效地控制反馈强度和反馈时滞. 通过调整不同的参数值, 系统会存在稳定平衡点和稳定周期解. 接着考虑了三组具有实际意义的参数值, 数值仿真结果显示了系统的稳定的平衡点、稳定的周期-1、周期-2、周期-4 解, 并且系统会经历倍周期分岔通向混沌.

第 6 章, 研究了具时滞微机电非线性耦合系统的动力学性质. 首先, 应用局部稳定性理论, 分析了平凡平衡点的稳定性和 Fold 分岔、Hopf 分岔及 Hopf-pitchfork 分岔的存在性. 进一步利用多时间尺度方法推导了 Hopf 分岔及 Hopf-pitchfork 分岔的规范型, 对于具时滞微机电非线性耦合系统, 我们需要有效地控制反馈强度和反馈时滞. 事实上, 按照上述的理论分析, 通过调整不同的参数值, 该系统会存在稳定平衡点和稳定周期解. 接着考虑了几组具有实际意义的参数值, 数值仿真结果显示了系统具有稳定的平衡点、稳定的周期解, 并且随着开折参数的变化, 稳定的平衡点和稳定的周期解会大范围存在.

第 7 章, 基于传统的摩擦驱动传送带模型, 修改得到了刨花提供装置中的传送带摩擦模型, 给出了两类时滞反馈控制方法, 并分析了该时滞系统的平衡点的稳定性和 Hopf 分岔的存在性. 本章给出了控制参数的稳定性边界, 并推导了 Hopf 岔支的方向和中心流形上分岔周期解的稳定性. 接着具体给出两个时滞反馈的实例及其相应的分岔分析和数值仿真. 最后, 利用数值仿真详细比较了两类时滞反馈控制方法对该传送带摩擦系统稳定性的影响以及两种方法的有效性.

第 2 章　预备知识

线性问题是客观现实中的一种简化处理和近似描述, 而非线性现象才是自然界现象的普遍存在. 刘维尔 (Liouville) 在 19 世纪中叶便指出, 在实际问题中, 能够利用初等积分方法求解的微分方程是少之又少的. 既然如此, 那么我们能否不通过求解微分方程, 而直接从微分方程本身来推断方程解的性质？于是, 学者们不断研究, 发展了微分方程的稳定性理论和定性理论.

本章将首先介绍常微分方程的稳定性理论和定性理论, 给出常微分方程的李雅普诺夫 (Liapunov) 稳定性的定义, 给出判断常微分方程解的局部稳定性的李雅普诺夫第一方法 (间接方法) 和第二方法 (直接方法), 给出平面动力系统的相关理论, 并针对延迟微分方程介绍零点指数分布理论、Hopf 分岔等基本知识. 最后, 针对常微分方法和延迟微分方程, 分别介绍计算分岔规范型的中心流形理论、规范型方法和多时间尺度方法.

2.1　常微分方程

2.1.1　稳定性理论

众所周知, 许多工程领域的实际问题都可以转化为研究微分方程的基本理论. 如果物体的运动只与当前状态有关, 那么可以用常微分方程 (Ordinary Differential Equations, ODEs) 来描述这种运动, 即

$$\frac{\mathrm{d}x}{\mathrm{d}t} = f(x, t).$$

在很多现实生活例子中, 经常使用 “稳定性” 一词来描述一个系统的运动状态或者平衡状态. 例如, 某一系统在平稳运动的过程中, 如果在某时刻对其施加一外部扰动, 这些扰动 (即使都是微小扰动) 也会影响系统的运动状态. 对于某些系统, 经过一段时间后, 受扰动运动与未受扰动的运动始终相差很小, 这类运动就可以称为 “稳定运动”, 否则称为 “不稳定运动”. 下面我们给出李雅普诺夫 (Liapunov) 稳定性的数学定义.

考虑一般的微分方程组

$$\frac{\mathrm{d}x}{\mathrm{d}t} = f(x, t), \tag{2-1}$$

其中向量函数 $f(x,t)$ 对于 $x \in D \subset R^n$ 和 $t \in (-\infty,+\infty)$ 连续, 关于 x 满足李普希茨条件, 即: 存在常数 $L>0$, 使得对于 $\forall x_1,x_2 \in D$ 都有

$$\|f(x_1,t)-f(x_2,t)\| \leqslant L\|x_1-x_2\|.$$

定义 2.1 设 $\varphi(x_0,t_0,t)$ 和 $\varphi(\overline{x}_0,t_0,t)$ 分别是方程组 (2-1) 的以 x_0 和 $\overline{x}_0$ 为初值的解. 对于任意给定的 $\varepsilon>0$, 存在 $\delta=\delta(\varepsilon)>0$, 当 $|x_0-\overline{x}_0|<\delta$ 时, 有 $|\varphi(x_0,t_0,t)-\varphi(\overline{x}_0,t_0,t)|<\varepsilon$, $t \geqslant t_0$, 则称 (2-1) 的解 $x(t)=\varphi(x_0,t_0,t)$ 是 (在李雅普诺夫意义下) 稳定的, 否则是不稳定的.

定义 2.2 设 $\varphi(x_0,t_0,t)$ 和 $\varphi(\overline{x}_0,t_0,t)$ 分别是方程组 (2-1) 的以 x_0 和 $\overline{x}_0$ 为初值的解, 且 (2-1) 的解 $x(t)=\varphi(x_0,t_0,t)$ 是稳定的. 存在 $\delta>0$, 当 $|x_0-\overline{x}_0|<\delta$ 时, 有 $\lim\limits_{t\to+\infty}|\varphi(x_0,t_0,t)-\varphi(\overline{x}_0,t_0,t)|=0$, 则称 (2-1) 的解 $x(t)=\varphi(x_0,t_0,t)$ 是 (在李雅普诺夫意义下) 渐近稳定的.

定义 2.3 若方程组 (2-1) 的解 $x(t)=\varphi(x_0,t_0,t)$ 是稳定的, 并且以任何初始值 $\overline{x}_0$ 的解 $\varphi(\overline{x}_0,t_0,t)$ 都有 $\lim\limits_{t\to+\infty}|\varphi(x_0,t_0,t)-\varphi(\overline{x}_0,t_0,t)|=0$, 则称 (2-1) 的解 $x(t)=\varphi(x_0,t_0,t)$ 是 (在李雅普诺夫意义下) 全局渐近稳定的.

不失一般性, 假设齐次线性常系数微分方程组有如下形式:

$$\frac{\mathrm{d}x}{\mathrm{d}t}=Ax, \tag{2-2}$$

这里 x 是 n 维向量, A 是 $n\times n$ 的常数矩阵. 假设常微分方程 (2-1) 具有零解, 事实上, 如果该方程的平衡点不是零点, 总可以将系统的非零平衡点平移到原点, 从而得到具有零解的扰动系统, 因此我们不妨假设常微分方程 (2-1) 具有零平衡点. 下面给出判断齐次线性微分方程组 (2-2) 的零解稳定性的基本定理.

定理 2.1 设 $\Phi(t)$ 是方程组 (2-2) 的一个基本解矩阵, 对于方程组零解 $x=0$ 的稳定性, 有如下结论:

(1) 零解对 $t_0 \in (-\infty,+\infty)$ 稳定的充分必要条件是: 存在 $K_1>0$, 使得 $\|\Phi(t)\| \leqslant K_1$, $t_0 \leqslant t \leqslant +\infty$, 即方程的所有解在 $[t_0,+\infty)$ 上是有界的.

(2) 零解对 $t_0 \in (-\infty,+\infty)$ 渐近稳定的充分必要条件是: $\lim\limits_{t\to+\infty}\|\Phi(t)\|=0$.

定理 2.2 (1) 方程组 (2-2) 的零解是稳定的充分必要条件是矩阵 A 的一切特征根都具有非正实部, 且每个零实部特征根对应矩阵 A 的若尔当标准型中的一维若尔当块.

(2) 如果矩阵 A 的所有特征根都具有负实部, 则方程组 (2-2) 的零解是渐近稳定的.

2.1.2 稳定性判别方法

上一节给出了确定线性齐次方程组的零解稳定性的方法, 这节我们给出确定非线性微分方程组的零解稳定性的一般方法.

2.1.2.1 李雅普诺夫第一方法

李雅普诺夫第一方法是将非线性系统进行线性化, 利用线性化方程的解的稳定性判定非线性系统解的稳定性, 所以该方法也称为李雅普诺夫间接方法. 如果方程组 (2-1) 中的向量函数 $f(x,t)$ 不显含时间变量 t, 则称方程组 (2-1) 为自治微分方程组, 否则称为非自治微分方程组. 本节讨论如下的自治微分方程组:

$$\frac{\mathrm{d}x}{\mathrm{d}t} = f(x), \tag{2-3}$$

其中 $x \in D \subset R^n$, 并假定 $f(0) = 0$, $\dfrac{\partial f_i}{\partial x_j}(i, j = 1, 2, \cdots, n)$ 在原点的邻域内存在且连续, 即 $f(x)$ 在原点处的导算子 $A = Df(0)$ 存在, 这里 $A = \left[\dfrac{\partial f_i}{\partial x_j}\right]_{x=0}$. 因而, 方程组 (2-3) 可以写为

$$\frac{\mathrm{d}x}{\mathrm{d}t} = Ax + g(x), \tag{2-4}$$

其中, $\lim\limits_{\|x\|\to\infty} \dfrac{\|g(x)\|}{\|x\|} = 0$. 如果略去高阶项, 则得到非线性微分方程组 (2-4) 的线性化方程组为

$$\frac{\mathrm{d}x}{\mathrm{d}t} = Ax, \tag{2-5}$$

称方程组 (2-5) 为方程组 (2-4) 在 $x = 0$ 处的线性近似方程组, 这类方法一般通称为线性化方法.

定理 2.3 对于非线性微分方程 (2-4),

(1) 如果线性微分方程组 (2-5) 中的矩阵 A 的所有特征值具有严格负实部, 则非线性微分方程组 (2-4) 的零解是局部渐近稳定的;

(2) 如果线性微分方程组 (2-5) 中的矩阵 A 至少有一个特征值具有正实部, 则非线性微分方程组 (2-4) 的零解是不稳定的.

由于特征根实部的符号在稳定性问题中起着关键的作用, 下面我们给出判断特征根都有负实部的相关条件, 考虑如下特征方程:

$$P(\lambda) = a_0\lambda^n + a_1\lambda^{n-1} + \cdots + a_{n-1}\lambda + a_n = 0,$$

其中 $a_i(i = 0, 1, 2, \cdots, n)$ 为实数.

定理 2.4 实系数多项式 $P(\lambda)$ 的所有根都具有负实部的必要条件是

$$\frac{a_i}{a_0} > 0, \quad i = 1, 2, \cdots, n.$$

定理 2.5 (霍尔维兹判据) 假设 $a_0 > 0$, 实系数多项式

$$P(\lambda) = a_0\lambda^n + a_1\lambda^{n-1} + \cdots + a_{n-1}\lambda + a_n = 0$$

的所有根都具有负实部的充分必要条件是: $\Delta_i > 0 (i = 1, 2, \cdots, n)$, 其中,

$$\Delta_1 = a_1, \quad \Delta_2 = \begin{vmatrix} a_1 & a_0 \\ a_3 & a_2 \end{vmatrix}, \quad \Delta_3 = \begin{vmatrix} a_1 & a_0 & 0 \\ a_3 & a_2 & a_1 \\ a_5 & a_4 & a_3 \end{vmatrix}, \quad \cdots,$$

$$\Delta_n = \begin{vmatrix} a_1 & a_0 & 0 & 0 & 0 & 0 & \cdots & 0 \\ a_3 & a_2 & a_1 & a_0 & 0 & 0 & \cdots & 0 \\ a_5 & a_4 & a_3 & a_2 & a_1 & a_0 & \cdots & 0 \\ \vdots & \vdots & \vdots & \vdots & \vdots & \vdots & & \vdots \\ a_{2n-1} & a_{2n-2} & a_{2n-3} & a_{2n-4} & a_{2n-5} & a_{2n-6} & \cdots & a_n \end{vmatrix}.$$

注 上述定理中的 $\Delta_n > 0$ 也可以改为 $a_n > 0$.

2.1.2.2 李雅普诺夫第二方法

李雅普诺夫第二方法也称为 V 函数法或李雅普诺夫直接方法, 其主要思想是无需求解微分方程通解, 而是寻求具有某些特殊性质的辅助函数 V, 直接利用该辅助函数来判断系统解的稳定性. 本节假设 $V(x)$ 是在包含原点在内的某个区域 Ω 上定义的连续可微的单值函数, 且 $V(0) = 0$.

定义 2.4 设 Ω 为原点的某个邻域, 且有

(1) 对任何 $x \in \Omega\backslash\{0\}$, 有 $V(x) > 0$(或 < 0), 则称 $V(x)$ 为正定 (或负定) 函数, 通称为定号函数;

(2) 对任何 $x \in \Omega$, 有 $V(x) \geqslant 0$(或 $\leqslant 0$), 则称 $V(x)$ 为常正 (或常负) 函数, 通称为常号函数.

定义 2.5 对于微分方程组 (2-1), 称 $\dfrac{\mathrm{d}V}{\mathrm{d}t} = \displaystyle\sum_{k=1}^{n} \frac{\partial V}{\partial x_k}\frac{\mathrm{d}x_k}{\mathrm{d}t}$ 为 $V(x)$ 沿方程 (2-3) 的解 (或轨迹) 对 t 的全导数.

定理 2.6 (李雅普诺夫稳定性定理) 在微分方程组包含原点的邻域 Ω 内, 如果存在一个正 (负) 定函数 $V>0(V<0)$, 并且其沿解的导数 $\dfrac{\mathrm{d}V}{\mathrm{d}t}$ 是常负 (常正) 的, 即 $\dfrac{\mathrm{d}V}{\mathrm{d}t}\leqslant 0\left(\dfrac{\mathrm{d}V}{\mathrm{d}t}\geqslant 0\right)$, 则微分方程组的零解是稳定的.

定理 2.7 (李雅普诺夫渐近稳定性定理) 在微分方程组包含原点的邻域 Ω 内, 如果存在一个正 (负) 定函数 $V>0(V<0)$, 并且其沿解的导数 $\dfrac{\mathrm{d}V}{\mathrm{d}t}$ 是负定 (正定) 的, 则微分方程组的零解是渐近稳定的.

定理 2.8 (李雅普诺夫不稳定性定理) 在微分方程组包含原点的邻域 Ω 内, 如果存在一个连续可微的函数 $V(x)$, 并且在原点的任一邻域内, 函数 $V(x)$ 总能取到正值 (负值), 即 $V(x)$ 不是常负 (常正) 的, 同时 $V(x)$ 沿方程解的导数 $\dfrac{\mathrm{d}V}{\mathrm{d}t}$ 是正定 (负定) 的, 则微分方程组的零解 (原点) 是不稳定的.

2.1.3 平面动力系统基本性质

2.1.3.1 相空间和相平面

这一节我们引入相空间概念, 从而将复杂的多维系统的运动状态与空间中的点建立一一对应关系, 然后采用几何方法将复杂动力学行为直观地描述出来.

定义 2.6 考虑如下方程组,

$$
\begin{cases}
\dfrac{\mathrm{d}y_1}{\mathrm{d}t}=f_1(t,y_1,y_2,\cdots,y_n),\\
\cdots\\
\dfrac{\mathrm{d}y_n}{\mathrm{d}t}=f_n(t,y_1,y_2,\cdots,y_n),
\end{cases}
\tag{2-6}
$$

其中, n 个未知数 $y_1,y_2,\cdots,y_n$ 称为状态变量, 这 n 个状态变量作为坐标轴建立起的正交坐标系即为相空间.

2.1.3.2 奇点的分类

考虑如下平面系统:

$$
\begin{cases}
\dfrac{\mathrm{d}x}{\mathrm{d}t}=f_1(x,y),\\
\dfrac{\mathrm{d}y}{\mathrm{d}t}=f_2(x,y).
\end{cases}
\tag{2-7}
$$

令 $\begin{cases}f_1(x,y)=0,\\ f_2(x,y)=0,\end{cases}$ 解得的 (x^*,y^*) 称为方程组 (2-7) 的平衡点 (也称不动点或奇点). 按照平衡点附近轨线分布的几何性质对平衡点进行分类, 并建立各类平衡点的判别准则, 是微分方程定性理论的一个重要内容. 为以下讨论方便, 不妨假设系统 (2-7) 的平衡点 (或奇点) 位于坐标原点 $x = y = 0$. 事实上, 如果该方程的平衡点不是零点, 总可以将系统的非零平衡点平移到原点, 从而得到具有零解的扰动系统, 因此我们不妨假设常微分方程 (2-7) 具有零平衡点. 系统 (2-7) 对应的线性系统可写为如下形式:

$$\begin{pmatrix} \dfrac{\mathrm{d}x}{\mathrm{d}t} \\ \dfrac{\mathrm{d}y}{\mathrm{d}t} \end{pmatrix} = A \begin{pmatrix} x \\ y \end{pmatrix}. \tag{2-8}$$

我们可以通过研究 (2-8) 中系数矩阵 A 的特征值来研究系统 (2-7) 的稳定性. 为求解方便, 我们将方程组 (2-8) 化成标准型, 由高等代数知识可知, 存在非奇异矩阵 P, 使得 $J = PAP^{-1}$, 其中 J 为若尔当标准型, 则由非奇异变换 $\begin{pmatrix} x \\ y \end{pmatrix} = P\begin{pmatrix} x \\ y \end{pmatrix}$, 系统 (2-8) 可化为系数矩阵为标准型的系统:

$$\begin{pmatrix} \dfrac{\mathrm{d}\tilde{x}}{\mathrm{d}t} \\ \dfrac{\mathrm{d}\tilde{y}}{\mathrm{d}t} \end{pmatrix} = J \begin{pmatrix} \tilde{x} \\ \tilde{y} \end{pmatrix}. \tag{2-9}$$

标准型 (2-9) 与原始系统 (2-8) 在奇点附近的拓扑结构相同, 从而我们可以通过研究系统 (2-9) 在奇点附近的轨线分布, 来给出 (2-8) 在奇点附近的轨线分布. 为书写方便, 我们将系统 (2-9) 中的上标去掉, 即 (2-9) 可写为如下形式:

$$\begin{pmatrix} \dfrac{\mathrm{d}x}{\mathrm{d}t} \\ \dfrac{\mathrm{d}y}{\mathrm{d}t} \end{pmatrix} = J \begin{pmatrix} x \\ y \end{pmatrix}. \tag{2-10}$$

对于矩阵 J 的两个特征值 λ_1 和 λ_2, 当 $\lambda_1 \neq \lambda_2$ 时, 矩阵 J 为对角型,

$$J = \begin{pmatrix} \lambda_1 & 0 \\ 0 & \lambda_2 \end{pmatrix}.$$

此时通解为 $x = x_0 e^{\lambda_1 t}$, $y = y_0 e^{\lambda_2 t}$. 当 $\lambda_1 = \lambda_2$ 时, 矩阵 J 可以为对角型, 还可以为非对角型

$$J = \begin{pmatrix} \lambda_1 & 1 \\ 0 & \lambda_2 \end{pmatrix}.$$

此时通解为 $x = (y_0 + y_0t)e^{\lambda_1 t}$, $y = y_0e^{\lambda_2 t}$. 下面根据矩阵 J 的特征根的不同情况, 讨论奇点的类型.

(1) λ_1 和 λ_2 是同号不相等的实根, 奇点类型为结点 (Node).

若按照特征根由小到大的顺序排列, 则可分为以下几种情况:

1° 当 $0 < \lambda_1 < \lambda_2$ 时, 奇点为不稳定结点, 在奇点附近的相轨线分布如图 2.1 所示.

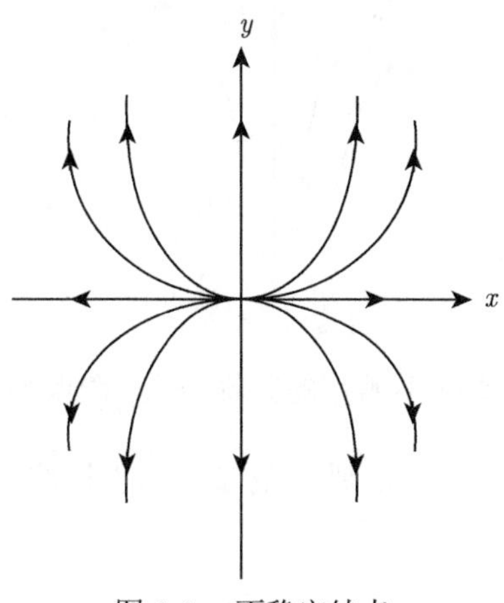

图 2.1　不稳定结点

2° 当 $\lambda_1 < \lambda_2 < 0$ 时, 奇点为稳定结点, 在奇点附近的相轨线分布如图 2.2 所示.

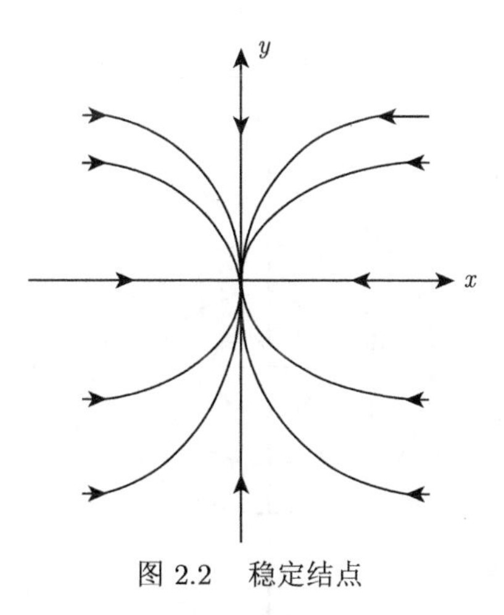

图 2.2　稳定结点

(2) λ_1 和 λ_2 是异号实根, 奇点类型为鞍点 (Saddle).

以 $\lambda_2 < 0 < \lambda_1$ 为例, 此时奇点为不稳定的, 如图 2.3 所示.

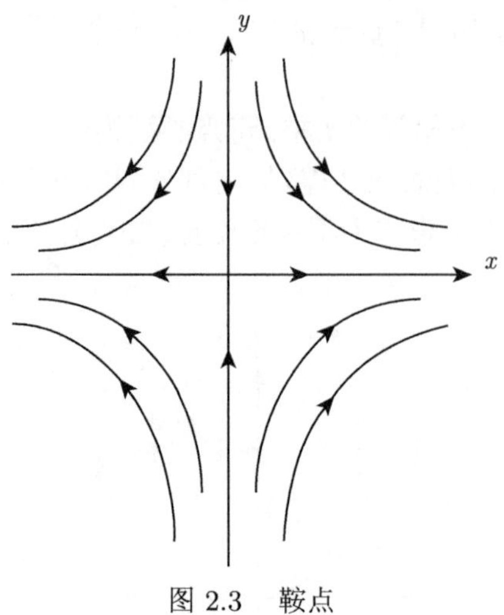

图 2.3　鞍点

(3) λ_1 和 λ_2 为一对实部不为零的共轭复根, 奇点类型为焦点 (Focus).

设 $\lambda_1 = \alpha + \mathrm{i}\beta$, $\lambda_2 = \alpha - \mathrm{i}\beta$, 则 J 的实若尔当标准型为 $J = \begin{pmatrix} \alpha & -\beta \\ \beta & \alpha \end{pmatrix}$, 从而方程组的解轨线为

$$x = (x_0 \cos \beta t - y_0 \sin \beta t)e^{\alpha t}, \quad y = (x_0 \cos \beta t + y_0 \sin \beta t)e^{\alpha t}.$$

当 $\alpha < 0$ 时, 随着 $t \to +\infty$, 轨线上的点绕原点旋转且趋近原点, 此类奇点称为稳定焦点, 如图 2.4 所示.

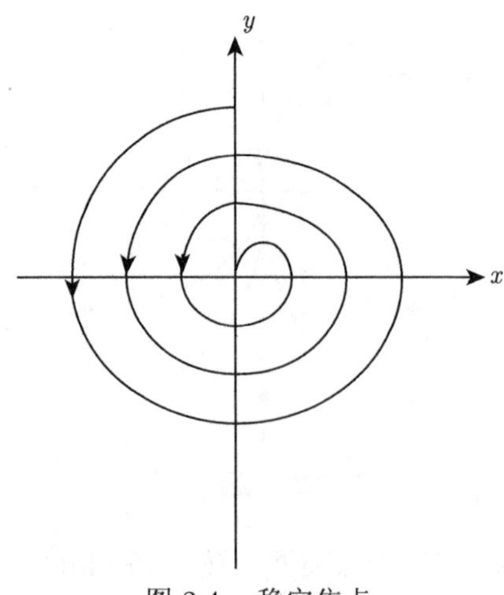

图 2.4　稳定焦点

当 $\alpha>0$ 时, 随着 $t\to+\infty$, 轨线方向相反, 此类奇点称为不稳定焦点. 轨线上的点绕奇点盘旋的方向取决于 β 的符号, 当 $\beta>0$ 是依逆时针方向盘旋, 当 $\beta<0$ 是依顺时针方向盘旋.

(4) λ_1 和 λ_2 为一对共轭纯虚根, 奇点类型为中心 (Center).

此时 $\lambda_1=\mathrm{i}\beta$, $\lambda_2=-\mathrm{i}\beta$, 则 J 的实若尔当标准型为 $J=\begin{pmatrix}0&-\beta\\\beta&0\end{pmatrix}$, 从而方程组的解线轨为

$$x=x_0\cos\beta t-y_0\sin\beta t,\quad y=x_0\cos\beta t+y_0\sin\beta t.$$

该轨线是在奇点外面的一族同心圆轨线, 如图 2.5 所示, 当 $\beta>0$ 时轨线延逆时针方向旋转, 当 $\beta<0$ 是依顺时针方向旋转, 该奇点为中心.

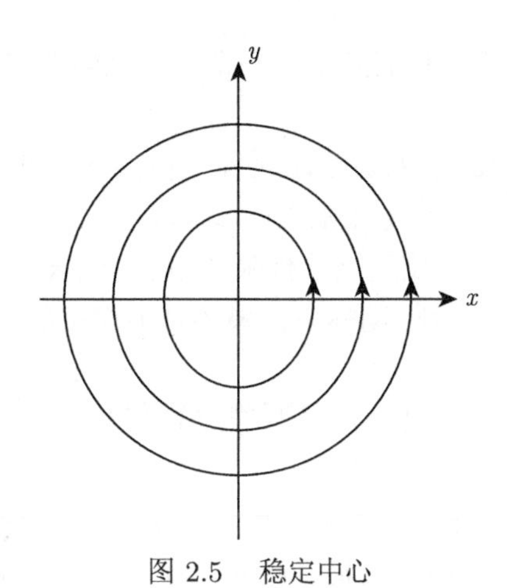

图 2.5 稳定中心

(5) λ_1 和 λ_2 为相等实根, 奇点为结点 (Node).

若 $\lambda_1=\lambda_2$, 相应的线性矩阵 A 的若尔当标准型有两种情况.

1° 若矩阵 A 的若尔当标准型为 $J=\begin{pmatrix}\lambda_1&0\\0&\lambda_2\end{pmatrix}$, 其轨线是过原点的半直线, 如图 2.6 所示, 当 $t\to+\infty$ 时, 若 $\lambda_1=\lambda_2<0$, 轨线为稳定结点; 若 $\lambda_1=\lambda_2>0$, 轨线为不稳定结点.

2° 若矩阵 A 的若尔当标准型为 $J=\begin{pmatrix}\lambda_1&1\\0&\lambda_2\end{pmatrix}$, 其轨线如图 2.7 所示, 当 $t\to+\infty$ 时, 若 $\lambda_1=\lambda_2<0$, 轨线为退化的稳定结点; 若 $\lambda_1=\lambda_2>0$, 轨线为退化的不稳定结点.

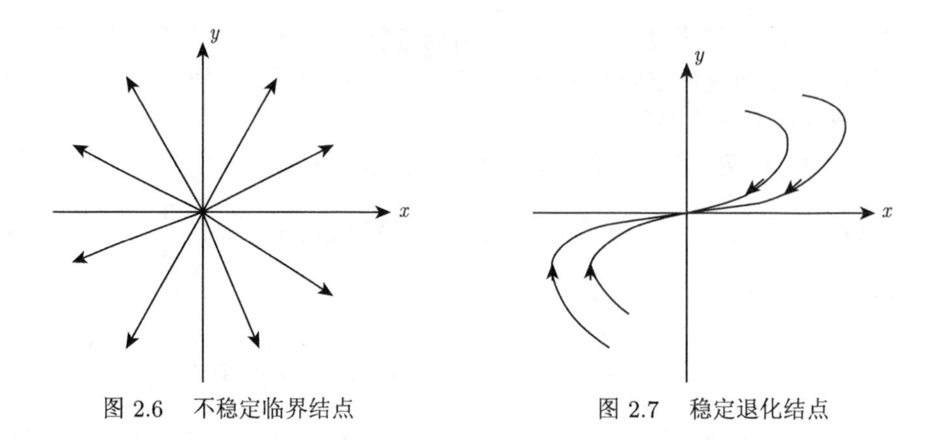

图 2.6 不稳定临界结点

图 2.7 稳定退化结点

2.1.3.3 极限环

对于平面方程组 (2-7), 我们除了关心奇点附近轨线的分布情况, 还关心其附近是否存在闭轨.

定义 2.7 方程组 (2-7) 的孤立闭轨称为极限环. 若其内外两侧附近的轨线当 $t\to+\infty(-\infty)$ 时盘旋逼近该闭轨, 则称该极限环是稳定的; 如果极限环的一侧附近的轨线当 $t\to+\infty$ 时盘旋逼近该极限环, 而在极限环的另一侧附近的轨线当 $t\to-\infty$ 时盘旋逼近该极限环, 则称该极限环是半稳定的.

2.2 延迟微分方程

有时候系统的状态变化既受当前时间状态的影响, 又受之前时间状态或者未来时间状态的影响, 从而我们引入延迟微分方程 (Delayed Differential Equations, DDEs), 也称时滞微分方程. 一般地, 我们称形如

$$\begin{cases} \dfrac{\mathrm{d}y(t)}{\mathrm{d}t}=f\left(t,y(t),y(t-\tau)\right), & t\geqslant t_0 \\ y(t)=\varphi(t), & t\leqslant t_0 \end{cases} \tag{2-11}$$

的微分方程为延迟微分方程, 称 τ 为时间延迟. 有时时间延迟还可以依赖于过去的几个状态, 如

$$\begin{cases} \dfrac{\mathrm{d}y(t)}{\mathrm{d}t}=f\left(t,y(t),y(t-\tau_1),y(t-\tau_2),\cdots,y(t-\tau_s)\right), & t\geqslant t_0, \\ y(t)=\varphi(t), & t\leqslant t_0, \end{cases} \tag{2-12}$$

称该方程为多时滞微分方程. 与常微分方程相比, 延迟微分方程的相空间是无穷维空间, 它的初始函数并不只是简单的一个数值. 因而, 延迟微分方程在诸如解的存在性、稳定性等方面与常微分方程仍然存在较大的不同.

通常情况下延迟微分方程的特征方程是一个指数多项式的超越方程, 可以写成如下形式:

$$P_0(\lambda)+P_1(\lambda)e^{-\lambda\tau_1}+\cdots+P_m(\lambda)e^{-\lambda\tau_m}=0, \tag{2-13}$$

其中, $P_0(\lambda)$ 是 λ 的 n 次多项式, $P_j(\lambda)$ 是 λ 的不高于 $n-1$ 次的多项式, $j=1,2,\cdots,m$.

在研究延迟微分方程的稳定性与分岔问题中, 分析特征方程的根的分布情况尤为重要, 因而本书的章节中多次用到阮士贵教授和魏俊杰教授在文献 [24] 中给出的关于超越方程的特征根分布理论.

定理 2.9 对于指数多项式

$$\begin{aligned}P\left(\lambda,e^{-\lambda\tau_1},\cdots,e^{-\lambda\tau_m}\right)=&\lambda^n+P_1^{(0)}\lambda^{n-1}+\cdots+P_{n-1}^{(0)}\lambda+P_n^{(0)}\\&+\left(P_1^{(1)}\lambda^{n-1}+\cdots+P_{n-1}^{(1)}\lambda+P_n^{(1)}\right)e^{-\lambda\tau_1}\\&+\cdots+\left(P_1^{(m)}\lambda^{n-1}+\cdots+P_{n-1}^{(m)}\lambda+P_n^{(m)}\right)e^{-\lambda\tau_m},\end{aligned}$$

其中 $\tau_j\geqslant 0\,(i=1,2,\cdots,m)$, $P_j^{(i)}\,(i=0,1,2,\cdots,m;j=1,2,\cdots,n)$ 是常数, 当 $(\tau_1,\tau_2,\cdots,\tau_m)$ 连续变化时, 指数多项式 $P\left(\lambda,e^{-\lambda\tau_1},\cdots,e^{-\lambda\tau_m}\right)$ 的位于右半平面的零点的重数之和只有在虚轴上存在根或者有根穿过虚轴时, 才会发生变化.

定理 2.10 对于线性延迟微分方程

$$\dot{X}(t)=A_0X(t)+\sum_{j=1}^{m}A_jX(t-\tau_j), \tag{2-14}$$

其中 $X\in R^n$, $A_j(0\leqslant j\leqslant m)$ 是 $n\times n$ 常数矩阵, $\tau_j\in R_+$, 若特征方程

$$h(\lambda,\tau)=\det\left(\lambda I-A_0\tau-\sum_{j=1}^{m}A_je^{-\lambda\tau_j}\right)=0$$

的所有根均有负实部, 则方程 (2-14) 的零解局部渐近稳定.

首先考虑只具有一个参数的时滞微分方程

$$\dot{v}\,(t)=A\,(\alpha)\,v\,(t)+B\,(\alpha)\,v\,(t-1)+f\,(v\,(t)\,,v\,(t-1)\,,\alpha)\,,\quad t>0, \tag{2-15}$$

其中 $f(u,v,\alpha): R^n \times R^n \times R \to R^n$. 那么此时存在 α^* 以及 α^* 的某个邻域 $\delta(\alpha^*)$, 满足

$$f(0,0,\alpha)=0, \quad D_u f(0,0,\alpha)=0, \quad D_v f(0,0,\alpha)=0, \quad \forall \alpha \in \delta(\alpha^*),$$

上式就可以写成以下形式

$$\dot{v}(t) = L_\alpha v_t + f(v_t,\alpha),$$

其中,

$$L_\alpha : C([-1,0],R^n) \to R^n,$$

根据 Riesz 表示定理, 则存在一个 $n \times n$ 的矩阵, 而且其各分量均满足有界变差函数

$$\eta(\cdot,\alpha):[-1,0]\to R^n,$$

使得对所有 $\phi \in C([-1,0],R^n)$ 都有

$$L_\alpha \phi = \int_{-1}^{0} \mathrm{d}\eta(\theta,\alpha)\phi(\theta),$$

方程 (2.15) 的特征方程可以表达为

$$\det\left(\lambda I - A(\alpha) - B(\alpha)e^{-\lambda}\right) = 0. \tag{2-16}$$

如果特征方程 (2-16) 的所有根都具有严格的负实部, 则延迟微分方程 (2-14) 的平衡点是局部渐近稳定的; 若特征方程 (2-16) 具有一个正实部的根, 则延迟微分方程 (2-14) 的平衡点不稳定. 若特征方程 (2-16) 的根满足如下条件:

(1) 存在 α^* 以及 α^* 的某个邻域 $\delta(\alpha^*)$, 使得方程有一对简单的共轭复根, 记作

$$\lambda(\alpha) = \eta(\alpha) \pm \mathrm{i}\omega(\alpha), \quad \forall \alpha \in \delta(\alpha^*),$$

并且方程的其他所有根都有严格的负实部;

(2) $\eta(\alpha^*)=0$, $\omega(\alpha^*)=\omega_0>0$;

(3) $\eta'(\alpha^*)\neq 0$,

我们称当参数 α 经过 α^* 时系统在平衡点处经历 Hopf 分岔.

2.3 中心流形方法

2.3.1 常微分方程的中心流形方法

中心流形方法给出了降低系统维数的有效方法, 我们考虑如下形式的常微分方程:

$$\begin{cases} \dot{x} = Ax + f(x,y), \\ \dot{y} = By + g(x,y), \end{cases} \tag{2-17}$$

其中, $(x,y) \in R^c \times R^s$, $f(0,0) = Df(0,0) = 0, g(0,0) = Dg(0,0) = 0$, A 为 $c \times c$ 的矩阵, 其特征值都具有零实部; B 为 $s \times s$ 矩阵, 其特征值都具有严格负实部.

定义 2.8 如果一不变流形可以被局部表示为如下形式:

$$W^c(0) = \{(x,y) \in R^c \times R^s \, | y = h(x), |x| < \delta, h(0) = 0, Dh(0) = 0\},$$

其中 δ 足够小, 则称上式为微分方程 (2-17) 的中心流形.

定理 2.11 对于常微分方程 (2-17), 存在某一 C^r 上的中心流形, 使得方程 (2-17) 限制在中心流形上的系统等价于下列常微分方程:

$$\dot{u} = Au + f(u, h(u)), \quad u \in R^c, \tag{2-18}$$

其中 u 足够小, 即方程 (2-18) 在 $u = 0$ 附近的动力学性质与方程 (2-17) 在 $(x,y) = (0,0)$ 附近的动力学性质等价. 即

(1) 若方程 (2-18) 的零解渐近稳定, 则方程 (2-17) 的零解也是渐近稳定;

(2) 若方程 (2-18) 的零解不稳定, 则方程 (2-17) 的零解也不稳定.

接下来给出中心流形的构造方法. 假设已经得到一个中心流形

$$W^c(0) = \{(x,y) \in R^c \times R^s \, | y = h(x), |x| < \delta, h(0) = 0, Dh(0) = 0\},$$

其中 δ 足够小, 则有 $y = h(x)$, 即

$$\begin{cases} \dot{x} = Ax + f(x, h(x)), \\ \dot{y} = Bh(x) + g(x, h(x)). \end{cases}$$

对表达式 $y = h(x)$ 关于时间求导, 从而有 $\dot{y} = Dh(x)\dot{x}$, 因此得到

$$Dh(x)[Ax + f(x, h(x))] = Bh(x) + g(x, h(x)),$$

即中心流形满足如下等式:

$$N(h(x)) = Dh(x)[Ax + f(x, h(x))] - Bh(x) - g(x, h(x)) \equiv 0. \tag{2-19}$$

接下来, 只需要进行幂级数展开, 利用待定系数法比较幂级数的系数, 从而确定出任意精度的中心流形表达式.

2.3.2 延迟微分方程的中心流形方法

本书在计算延迟微分方程的分岔规范型时要多次用到中心流形方法, 本书以下提到的中心流形方法均指 Faria 和 Magalhaes [66,67] 给出的中心流形方法.

假设 $C = C([-r,0], R^m)$ 是从 $[-r,0]$ 到 R^m 的连续函数构成的 Banach 空间, 这里 $r \geqslant 0$, 其范数为上确界范数. 考虑如下延迟微分方程:

$$\dot{u}(t) = Lu_t + Fu_t, \tag{2-20}$$

其中 $u_t \in C, u_t(\theta) = u(t+\theta), \theta \in [-r,0]$, F 是 C 到 R^m 的 C^∞ 函数, $F(0) = DF(0) = 0$, 在方程 (2-20) 平凡平衡点处的线性化方程为

$$\dot{u}(t) = Lu_t, \tag{2-21}$$

这里 L 是从 C 到 R^m 的有界线性算子, 由 Riesz 表示定理有

$$L\varphi = \int_{-r}^{0} \mathrm{d}\eta(\theta)\varphi(\theta), \quad \forall \varphi \in C^1,$$

这里 $C^1 = C^1([-r,0], R^m)$ 表示从 $[-r,0]$ 到 R^m 的连续可微函数构成的空间.

方程 (2-21) 的解定义了 C 上的一个 C_0 半群 $T_0(t)(t \geqslant 0)$, 它的无穷小生成元 A_0 满足 $A_0\varphi = \dot{\varphi}$, 定义域 $D(A_0) = \{\varphi \in C^1 : L\varphi = \dot{\varphi}(0)\}$, A_0 的谱 $\sigma(A_0)$ 与它的点谱 $\sigma_p(A_0)$ 重合, 并且当且仅当 λ 满足特征方程

$$\det \Delta(\lambda) = 0, \quad \Delta(\lambda) = \lambda I - \int_{-r}^{0} \mathrm{d}\eta(\theta)e^{\lambda\theta}, \quad \lambda \in \sigma(A_0). \tag{2-22}$$

假设 Λ 是 A_0 的全体零实部特征值构成的非空有限子集, A_0 相对于 Λ 的不变子空间为 $P = \mathrm{span}\{\mu_\lambda(A_0) : \lambda \in \Lambda\}, \dim P = n$, 这里 $\mu_\lambda(A_0)$ 表示对应 $\lambda \in \sigma(A_0)$ 的广义特征空间.

定义 $C^* \times C$ ($*$ 指代伴随) 上的双线性形式为

$$\langle \psi(s), \varphi(\theta) \rangle = \psi(0)\varphi(0) - \int_{-r}^{0} \int_{\xi=0}^{\theta} \psi(\xi-\theta)\mathrm{d}\eta(\theta)\varphi(\xi)\mathrm{d}\xi, \tag{2-23}$$

这里 $\varphi \in C$, $\psi \in C^*$. 因此, 利用 Λ 将相空间 C 分解为 $C = P \oplus Q$, 其中 $Q = \{\varphi \in C : \langle \psi, \varphi \rangle = 0, \forall \psi \in P^*\}$, P 和它的伴随矩阵 P^* 的基分别为 $\Phi = (\varphi_1, \varphi_2, \cdots, \varphi_m)$ 和 $\Psi = \mathrm{Col}(\psi_1, \psi_2, \cdots, \psi_m)$, 则存在矩阵 B, 使得 $\dot{\Phi} = \Phi B$, $-\dot{\Psi} = B\Psi$, 并且满足内积 $\langle \Psi, \Phi \rangle = I$.

考虑从 $[-r,0]$ 到 R^m 的扩大的相空间 BC, 该空间在 $[-r,0)$ 上连续, 在零点处有跳跃间断点. 该空间的函数可以被定义为 $C \times R^m$, 因此, 它的元素形如

$\phi=\varphi+X_0c$, 这里 $\varphi\in C$, $c\in R^m$, X_0 是 $m\times m$ 矩阵函数, 定义如下:

$$X_0(\theta)=0,\quad \theta\in[-r,0),\quad X_0(0)=I.$$

在空间 BC, (2-20) 变为如下抽象的常微分方程:

$$\frac{\mathrm{d}w}{\mathrm{d}t}=Aw+X_0\tilde{F}(w), \tag{2-24}$$

其中, 对于 $\varphi\in C$,

$$\tilde{F}(\varphi)=\begin{cases} L\varphi+F(\varphi), & \theta=0,\\ \varphi, & \theta\in[-r,0). \end{cases}$$

A 定义如下:

$$A:C^1\to BC,\quad A\varphi=\dot{\varphi}+X_0[L(\varphi)-\dot{\varphi}(0)].$$

引入连续映射 $\pi:BC\to P,\pi(\varphi+X_0c)=\Phi[(\Psi,\varphi)+\Psi(0)c]$, 利用 Λ 将扩大的相空间分解为 $BC=P\oplus\mathrm{Ker}\pi$, 其中 $\mathrm{Ker}\pi=\{\varphi+X_0c:\pi(\varphi+X_0c)=0\}$ 定义了映射 π 下的核. 令 $w=\Phi x+y$, 这里 $y\in Q^1:=Q\cap C^1\subset\mathrm{Ker}\pi$, A_{Q^1} 是 A 在 Q^1 上的限制. 则方程 (2-24) 可写为如下形式:

$$\begin{cases} \dot{x}=Bx+\Psi(0)\tilde{F}(\Phi x+y),\\ \dfrac{\mathrm{d}y}{\mathrm{d}t}=A_{Q^1}y+(I-\pi)X_0\tilde{F}(\Phi x+y). \end{cases} \tag{2-25}$$

为计算规范型, 将方程 (2-25) 写为

$$\begin{cases} \dot{x}=Bx+\sum\limits_{j\geqslant 2}f_j^1(x,y),\\ \dfrac{\mathrm{d}y}{\mathrm{d}t}=A_{Q^1}y+\sum\limits_{j\geqslant 2}f_j^2(x,y). \end{cases} \tag{2-26}$$

令 $V_j^n(X)$ 表示系数在 X 中的 n 个变元的 j 次齐次多项式构成的线性空间. $M_j(j\geqslant 2)$ 表示定义在 $V_j^n(C^n\times\mathrm{Ker}\pi)$ 上、取值亦在同样空间上的算子:

$$\begin{aligned} &M_j(p,h)=(M_j^1p,M_j^2h),\\ &(M_j^1p)(x)=D_xp(x)Bx-Bp(x),\\ &(M_j^2p)(x)=D_xh(x)Bx-A_{Q^1}h(x), \end{aligned} \tag{2-27}$$

其中 $p(x)\in V_j^n(C^n)$, $h(x)(\theta)\in V_j^n(\mathrm{Ker}\pi)$.

定义分解

$$
\begin{aligned}
V_j^n(C^n) &= \mathrm{Im}(M_j^1) \oplus \mathrm{Im}(M_j^1)^c, \\
V_j^n(C^n) &= \mathrm{Ker}(M_j^1) \oplus \mathrm{Ker}(M_j^1)^c, \\
V_j^n(\mathrm{Ker}\pi) &= \mathrm{Im}(M_j^2) \oplus \mathrm{Im}(M_j^2)^c, \\
V_j^n(Q^1) &= \mathrm{Ker}(M_j^2) \oplus \mathrm{Ker}(M_j^2)^c,
\end{aligned} \tag{2-28}
$$

并定义从 $V_j^n(C^n) \times V_j^n(\mathrm{Ker}\pi)$ 到 $\mathrm{Im}(M_j^1) \times \mathrm{Im}(M_j^2)$ 和从 $V_j^n(C^n) \times V_j^n(Q^1)$ 到 $\mathrm{Ker}(M_j^1)^c \times \mathrm{Ker}(M_j^2)^c$ 的投影分别为 $P_{I,j} = (P_{I,j}^1, P_{I,j}^2)$ 和 $P_{K,j} = (P_{K,j}^1, P_{K,j}^2)$, 从补空间 $M_j^i(i = 1,2)$ 的核上定义 M_j 的右逆 $M_j^{-1} = ((M_j^1)^{-1}, (M_j^2)^{-1})$ 为 $M_j^{-1} \circ P_{I,j} \circ M_j = P_{K,j}$.

那么, 直到 $k(k \geqslant 2)$ 阶的规范型可以通过迭代过程求出, 它可以表示为

$$
\begin{cases}
\dot{x} = Bx + \displaystyle\sum_{j=2}^{k} g_j^1(x,y) + \tilde{f}_{k+1}^1(x,y) + \cdots, \\
\dfrac{\mathrm{d}y}{\mathrm{d}t} = A_{Q^1}y + \displaystyle\sum_{j=2}^{k} g_j^2(x,y) + \tilde{f}_{k+1}^2(x,y) + \cdots,
\end{cases} \tag{2-29}
$$

该方程是在 $k-1$ 次规范型中 (这里约定 $g_1^1(x,y) = g_1^2(x,y) = 0$) 引入变量代换

$$
(x,y) \to (x,y) + U_k(x),
$$

其中 $U_k(x) = M_k^{-1} P_{I,k} f_k(x,0)$, 并将所得关于 (x,y) 的新的 $j \geqslant k+1$ 次齐次项仍记为 f_j 之后所得到的结果, 而方程 (2-29) 中的 g_k 亦可以通过 $g_k = \tilde{f}_k - M_k U_k$ 得到.

将 k 依次取为 $k = 2, 3, \cdots$, 并将上述过程依次进行下去, 得到如下由中心流形约化方法导出的约化在中心流行上的规范型:

$$
\dot{x} = Bx + \sum_{j \geqslant 2} g_j^1(x,0). \tag{2-30}
$$

事实上, 上述过程可以推广到具有参数的滞后型泛函微分系统中, 由于求解规范型的过程完全类似, 这里就不重复说明了.

在规范型计算的过程中, 分解形式 (2-28) 是极其重要的, 其中 $\mathrm{Im}(M_j^1)^c$, $\ker(M_j^1)^c$, $\mathrm{Im}(M_j^2)^c$ 和 $\ker(M_j^2)^c$ 的选择方式不唯一, 不同的选择形式会导致规范型形式的不同.

2.4 多时间尺度方法

考虑一般的自治微分方程:

$$\dot{u} = f(u), \tag{2-31}$$

其中 $u \in R^m$, $f \in C^\infty$. 假设系统 (2-14) 的特征方程在临界点 $\alpha = \alpha_c$ 处具有 n 个零实部特征值 $\lambda_1, \cdots, \lambda_m$, 这里 α 是系统 (2-31) 的参数向量. 定义 (2-31) 在临界点 $\alpha = \alpha_c$ 处的特征矩阵为 $\Delta_c(\lambda)$, $\Delta_c(\lambda)$ 的伴随矩阵为 $\Delta_c^*(\lambda)$. 令 $p_j(j = 1, 2, \cdots, n)$ 是 $\Delta_c(\lambda)$ 对应特征值 λ_j 的特征向量, $p_j^*(j = 1, 2, \cdots, n)$ 是 $\Delta_c^*(\lambda)$ 对应特征值 $\overline{\lambda}_j$ 的标准化的特征向量, 并且满足内积

$$\langle p_j^*, p_j \rangle = \overline{p}_j^* p_j = 1, \quad j = 1, 2, \cdots, n. \tag{2-32}$$

由多时间尺度方法, 在 (2-13) 中选取扰动参数: $\alpha = \alpha_c + \varepsilon\alpha_\varepsilon$, 这里 α_ε 是扰动参数向量. 假设 (2-31) 的解有如下形式:

$$u(t) = \varepsilon u_1(T_0, T_1, T_2, \cdots) + \varepsilon^2 u_2(T_0, T_1, T_2, \cdots) + \varepsilon^3 u_3(T_0, T_1, T_2, \cdots) + \cdots, \tag{2-33}$$

关于时间 t 的导数为

$$\frac{\mathrm{d}}{\mathrm{d}t} = \frac{\partial}{\partial T_0} + \varepsilon \frac{\partial}{\partial T_1} + \varepsilon^2 \frac{\partial}{\partial T_2} + \cdots = D_0 + \varepsilon D_1 + \varepsilon^2 D_2 + \cdots, \tag{2-34}$$

其中 $D_k = \dfrac{\partial}{\partial T_k}(k = 0, 1, 2, \cdots)$ 是微分算子.

如果系统 (2-31) 中具有时滞项, 不失一般性, 假设 (2-31) 中的时滞项为 $u(t-1)$, 则该时滞项可写为

$$u(t-1) = \sum_{j \geqslant 1} \varepsilon^j u_j(T_0 - 1, T_1 - \varepsilon, T_2 - \varepsilon^2, \cdots),$$

将 $u_j(T_0 - 1, T_1 - \varepsilon, T_2 - \varepsilon^2, \cdots)$ 在 $(T_0 - 1, T_1, T_2, \cdots)$ 处进行泰勒展开, $j = 1, 2, \cdots$, 即

$$u_j(T_0 - 1, T_1 - \varepsilon, T_2 - \varepsilon^2, \cdots) = u_{j,1} - \varepsilon D_1 u_{j,1} - \varepsilon^2 D_2 u_{j,1} + \frac{1}{2}\varepsilon^2 D_1^2 u_{j,1} + \cdots,$$

其中 $u_{j,1} = u_{j,1}(T_0 - 1, T_1, T_2, \cdots)$.

将具有多尺度的解代入 (2-14) 中, 平衡 $\varepsilon^j(j = 1, 2, \cdots)$ 项的系数, 从而得到一列有序线性微分方程 (Linear Differential Equations, LDEs).

首先, 从 ε-阶 LDE 中解得 u_1. 事实上, 由于 $\lambda_1, \cdots, \lambda_n$ 为系统 (2-31) 的特征方程的零实部特征值, 则

$$u_1(T_0, T_1, T_2, \cdots) = \sum_{j=1}^{n} G_j(T_1, T_2, \cdots) p_j e^{\lambda_j T_0}. \tag{2-35}$$

接下来, 将解 u_1 代入到 ε^2-阶 LDE 中, 求得 u_2, 并利用可解条件 [25] 求解二阶规范型.

上述过程可以继续计算到任意阶, 注意到 $D_j G (j = 1, 2, \cdots)$ 是关于 G 的 $j+1$ 阶函数, 因此在后向变换 $G \to G/\varepsilon$ 下, 由多时间尺度方法导出系统 (2-14) 的规范型为

$$\dot{G} = D_1 G + D_2 G + \cdots, \tag{2-36}$$

这里 $G = (G_1, G_2, \cdots, G_n)$.

第 3 章　主动控制系统的建模及稳定性分析

3.1　研 究 背 景

刨花板施胶系统由原料 (刨花、纤维等) 提供装置、胶液提供装置和拌胶机组成, 刨花板施胶系统的主要结构如下:

① 计量料仓: 确保刨花在宽度方向上均匀分布, 同时对刨花的体积进行计量, 保持刨花流量变化较小, 从而使得电子皮带秤显示的刨花重量趋于一稳定值, 以便控制施胶量.

② 电子皮带秤: 由称重传感器及控制组件、皮带运输机组成, 可随时显示刨花的流量.

③ 拌胶机: 其为环式结构, 为了减少刨花的破碎率, 在进料段采用螺旋叶片. 为了增加拌胶的均匀性, 胶液采用空气雾化喷嘴雾化喷入. 为了避免由于胶液固化速度快而使管道堵塞, 选取固化剂单独雾化喷入方式, 表层料可以不加或加少量固化剂.

④ 胶液计量装置: 本部分属调供胶系统内的设备. 胶液采用电磁流量计进行连续计量, 电磁流量计测量精度可达 $\pm 0.5\%$, 并有较好的重复精度. 胶液的输送采用螺杆泵, 其流量稳定, 连续性好, 且流量与速度成比例, 容易得到所需要的流量.

⑤ 调供胶系统: 将原胶和辅助添加剂混合均匀备用. 对于原胶石腊、水等用量大的液体采用电磁流量计计量, 对于用量少的各种添加剂则采用称重方式计量.

球阀, 顾名思义, 球体状的阀门部件, 当驱动装置 (或手柄) 将球体旋转, 使球体的通孔与阀体通道中心线完全重合时阀门完全打开, 继续旋转球体, 当通孔与中心线垂直时, 阀门呈完全关闭状态. 从结构上看, 常用的球阀有浮动球球阀和固定球球阀两类 [75]. 固定球球阀主要由阀体、球体、阀座、上下转轴、驱动装置等组成. 球体与上轴和下轴连成一个整体, 球体保持球心固定, 沿着与阀门通道垂直的轴线自由旋转, 这也是称之为“固定球球阀” 的原因. 固定球球阀旋转时, 流体的作用力并不会导致球体向后运动, 压力则是通过转轴传递给阀体, 因此, 阀座无需承受强大的作用力. 基于以上优点, 高压、大口径的工程领域更多的是采用固定球球阀装置.

在刨花板生产过程中, 施胶过程可以衡量刨花板生产的技术水平, 电机和泵是刨花板施胶过程的主要驱动力, 泵的转动惯性可能引起靠近泵下游的球阀回位

不佳 [76,77]. 因此, 选取适当的控制方法有效地控制球阀的回位问题具有重要的研究意义. 事实上, 我们希望将球阀控制成为稳定的周期或者拟周期运动状态, 并给出该运动产生的有效的运动参数.

从广义上来说, 振动控制主要研究两方面内容: 一是利用振动的特性解决工程问题; 二是消除振动特性避免不利影响甚至避免由振动带来的各种危害. 但从狭义上来讲, 工程上振动控制一般可以理解为减振、隔振、消振或者降振. 根据采用的手段的不同, 振动控制又分为被动控制和主动控制.

被动控制, 顾名思义, 针对必然产生的结果, 采用吸收能量的方式达到减振的目的. 被动控制不需要外界输入能量, 因此一般比较容易实现, 但它的缺点也比较明显, 即: 在具有高精度要求的精密仪器中, 减振的效果并不是很明显. 而主动控制是通过传感器对被控系统传感到振动信号, 采用一定的控制律, 再经过计算得到控制驱动信号并施加到驱动器上, 使被控系统的振动在更短的时间内得到衰减 [84]. 常用的控制方法有经典 PID 控制、状态反馈控制、自适应控制、H_∞ 控制、智能控制、滑模控制、复合控制等.

主动控制, 顾名思义, 就是提前预估可能的结果, 从而修改完善控制方法, 采取有效措施最终实现预期结果. 该控制方法可以提前纠错, 还可以避免传统控制方法中由于时间延迟带来的不利影响. 自从提出了主动控制方法, 该方法对很多领域都产生了重大影响. 为了确保该方法实现的安全性和可服务性, 很多学者在诸如自动控制、神经网络、生命科学以及人口科学等领域内都致力于该方法的研究工作 [78-81]. 显然, 时滞在主动控制系统中占据着重要的位置, 很多学者考虑了具有时滞的控制系统的稳定性问题. 然而, 在不稳定的区域, 由于时滞的存在, 可能产生各种不可预料的非线性动力学现象. 通过调节主动控制系统的参数, 可以实现将受控系统控制成为稳定状态. 文献 [82] 讨论了延迟微分方程的关于稳定性、解的动力学性质的理论研究方法. 文献 [83] 针对延迟微分方程的研究进展和未来展望进行了概述.

在实际应用过程中, 主动控制技术已经取得了较大的成功, 但仍有许多重要的问题亟待解决. 控制反馈的时间滞后问题就是值得关注的问题之一 [85]. 主动控制系统的时滞主要由三个因素引起的: 其一是结构上布置的采集系统在线采集结构反应所花的时间; 其二是处理信号到控制器的传输时间; 其三是控制力的计算时间. 随着计算机科学技术的发展, 前两个因素引起的时滞量越来越小, 分析和处理时滞问题的核心主要集中在第三因素引起的时滞.

由于时滞的存在, 控制力不能同步地施加在结构上, 这会在很大程度上影响控制效果, 甚至导致系统不稳定, 从而带来安全隐患. 延迟现象是自然界中广泛存在但又不可避免的一种时间滞后现象. 由于控制作用的时间延迟性, 各种控制方式需要经过一段时间才能作用到被控对象上, 控制效果不能实时反馈, 甚至在很大程度上会导致受控系统失去稳定性, 影响工作效率, 造成事故. 因此, 研究时间延迟对主动控制系统的影响, 一方面可以在合理的参数范围内, 减小甚至消除时间延迟带来的不利影响; 另一方面还可以有效地利用时间延迟确保系统的稳定性, 具有重要的研究意义和研究价值.

3.2 数学建模

主动控制系统可以用来控制系统内部或外部激励的响应, 具有时滞的主动控制系统的数学模型描述如下 [86]:

$$m\ddot{x}(t)+c\dot{x}(t)+kx(t)+ux(t-\tau)+v\dot{x}(t-\tau)=\tilde{f}(t), \tag{3-1}$$

这里导数指的是关于时间 t 求导, $x(t)$ 是受控系统的位移, $m>0$ 是质量, c 和 k 分别表示系统的阻尼和刚度, τ 表示相对位移反馈闭环和相对速度反馈闭环的时滞, u 和 v 均表示反馈强度, $\tilde{f}$ 表示外部激励. 令 $t^*=\sqrt{k/m}t$, $\zeta=c/2m\sqrt{m/k}$, $g_u=u/k$, $g_v=v/m\sqrt{m/k}$, $f(t)=\tilde{f}(t)/k$. 为简单起见, 这里我们去掉星号, 则方程 (3-1) 变为

$$\ddot{x}(t)+2\zeta\dot{x}(t)+x(t)+g_ux(t-\tau)+g_v\dot{x}(t-\tau)=f(t). \tag{3-2}$$

本章的研究设想来源于文献 [86], 该文献考虑了系统 (3-2) 的 Hopf 分岔和静态分岔的存在性, 并给出上述分岔临界点附近的简单动力学性质分析. 分析发现, 该系统还存在双 Hopf 分岔现象. 本章利用多时间尺度方法, 推导出系统 (3-2) 的非共振双 Hopf 分岔临界点附近的规范型, 分析局部拓扑结构的完整分类. 通过选取适当的控制参数发现, 系统会存在稳定平衡点、稳定周期解、稳定的拟周期解. 进一步, 本章还给出刨花板施胶过程中关于球阀稳定性控制的具体实例, 从而验证理论分析的正确性.

3.3 平衡点的稳定性及分岔存在性

考虑系统 (3-2), 令 $\dot{x}=y$, 则有

$$\begin{aligned}&\dot{x}(t)=y(t),\\&\dot{y}(t)=-x(t)-g_ux(t-\tau)-2\zeta y(t)-g_vy(t-\tau)+f(t).\end{aligned} \tag{3-3}$$

考虑 $f(t)=\beta x^3(t-\tau)$ 的情形 (见文献 [86]). 事实上, 我们考虑外部激励 $f=\alpha x(t-\tau)+\beta x^3(t-\tau)$, 并将线性项 $\alpha x(t-\tau)$ 和位移反馈项 $ux(t-\tau)$ 加入新系

统中, 记作 $ux(t-\tau)$. 当 $\dfrac{1+g_u}{\beta}>0$ 时, 系统 (3-3) 具有平凡平衡点 $E_0=(0,0)$ 和两个半平凡平衡点 $E_{1,2}=\left(\pm\sqrt{\dfrac{1+g_u}{\beta}},0\right)$. 由于 $x(t)$ 刻画了控制系统的位移, 在很多情况下, 我们只关心平凡平衡点 E_0. 方程 (3-3) 在平凡平衡点 E_0 处的线性化系统的特征方程如下:

$$\lambda^2+2\zeta\lambda+g_ve^{-\lambda\tau}\lambda+g_ue^{-\lambda\tau}+1=0, \tag{3-4}$$

从而得到如下关于静态分支的定理 [86].

定理 3.1 当 $g_u+1=0$ 时, 系统 (3-2) 在平凡平衡点 $E_0=(0,0)$ 处经历干草叉分岔. 具体说明如下:

(1) 若 $\beta<0$, 当 $g_u<-1$ 时系统 (3-2) 具有两个稳定性相反的非平凡平衡点; 当 $g_u>-1$ 时系统 (3-2) 具有唯一的平凡平衡点. 另外, 当 $g_u\to-1$ 时两个非平凡平衡点在零点处重合.

(2) 若 $\beta>0$, 当 $g_u>-1$ 时系统 (3-2) 存在两个不稳定的非平凡平衡点; 当 $g_u<-1$ 时系统 (3-2) 存在唯一的平凡平衡点. 另外, 当 $g_u\to-1$ 时两个非平凡平衡点在零点重合.

若 $1+g_u\neq0$, 当 $\tau=0$ 时, 方程 (3-4) 变为

$$\lambda^2+(2\zeta+g_v)\lambda+g_u+1=0. \tag{3-5}$$

在如下假设条件下:

(H1) $\qquad 2\zeta+g_v>0,\quad g_u+1>0,$

当 $\tau=0$ 时, 系统 (3-2) 的平衡点 E_0 局部渐近稳定, 否则不稳定.

为了找到可能的周期解, 进而考虑局部 Hopf 分岔和双 Hopf 分岔. 令 $\lambda=\mathrm{i}\omega(\mathrm{i}^2=-1,\omega>0)$ 是方程 (3-4) 的根. 将该根代入方程 (3-4), 并分离实虚部得

$$\begin{cases}\omega^2-1=g_v\omega\sin(\omega\tau)+g_u\cos(\omega\tau),\\ 2\zeta\omega=-g_v\omega\cos(\omega\tau)+g_u\sin(\omega\tau),\end{cases} \tag{3-6}$$

从而得到

$$\omega^4+(4\zeta^2-2-g_v^2)\omega^2+1-g_u^2=0.$$

令 $z=\omega^2$, 则有

$$h(z):=z^2+(4\zeta^2-2-g_v^2)z+1-g_u^2=0. \tag{3-7}$$

定义 $\Delta=(4\zeta^2-2-g_v^2)^2-4+4g_u^2$, 假设

(H2) $$1 - g_u^2 < 0,$$

此时, 方程 (3-7) 有一个正根 $z_0 = \dfrac{2 + g_v^2 - 4\zeta^2 + \sqrt{\Delta}}{2}$, 则

$$\omega_0 = \sqrt{z_0} = \sqrt{\frac{2 + g_v^2 - 4\zeta^2 + \sqrt{\Delta}}{2}}. \tag{3-8}$$

假设

(H3) $$1 - g_u^2 > 0, \quad \Delta > 0, \quad 2 + g_v^2 - 4\zeta^2 > 0,$$

此时方程 (3-7) 有两个正根 $z_{1,2} = \dfrac{2 + g_v^2 - 4\zeta^2 \pm \sqrt{\Delta}}{2}$, 则

$$\omega_{1,2} = \sqrt{z_{1,2}} = \sqrt{\frac{2 + g_v^2 - 4\zeta^2 \pm \sqrt{\Delta}}{2}}. \tag{3-9}$$

进一步, 由方程 (3-6) 可知

$$\begin{aligned} P_l &:= \cos(\omega_l \tau) = \frac{(\omega_l^2 - 1)g_u - 2\zeta\omega_l^2 g_v}{g_u^2 + \omega_l^2 g_v^2}, \\ Q_l &:= \sin(\omega_l \tau) = \frac{(\omega_l^2 - 1)g_v\omega_l + 2\zeta\omega_l g_u}{g_u^2 + \omega_l^2 g_v^2}, \end{aligned} \tag{3-10}$$

$$\tau_l^{(j)} = \begin{cases} \dfrac{1}{\omega_l}\left[\arccos(P_l) + 2j\pi\right], & Q_l \geqslant 0, \\ \dfrac{1}{\omega_l}\left[2\pi - \arccos(P_l) + 2j\pi\right], & Q_l < 0, \end{cases} \tag{3-11}$$

这里 $l = 0, 1, 2; j = 0, 1, 2, \cdots$.

将 $\lambda(\tau)$ 代入方程 (3-4) 中, 并关于 τ 求导, 则有

$$\mathrm{Re}\left(\frac{\mathrm{d}\lambda}{\mathrm{d}\tau}\right)^{-1}_{\tau=\tau_l^{(j)}} = \frac{1}{\omega_l^2 g_v^2 + g_u^2}(2\omega_l^2 - 2 - g_v^2 + 4\zeta^2) = \frac{h'(z)}{\omega_l^2 g_v^2 + g_u^2}, \tag{3-12}$$

这里 $l = 0, 1, 2; j = 0, 1, 2, \cdots$,$h'(z)$ 表示 $h(z)$ 关于 z 的导数. 显然, 在假设 (H2) 下, $h(z) = 0$ 有一个负实根和一个正实根 z_0, 并且 $h'(z_0) > 0$. 在假设 (H3) 下, $h(z) = 0$ 有两个正根 z_1 和 z_2. 假设 $z_1 < z_2$, 则有 $h'(z_1) < 0$,$h'(z_2) > 0$, 即

$$\mathrm{Re}\left(\frac{\mathrm{d}\lambda}{\mathrm{d}\tau}\right)^{-1}_{\tau=\tau_l^{(j)}} \neq 0, \quad l = 0, 1, 2; j = 0, 1, 2, \cdots,$$

横截条件成立.

定理 3.2 若 $2\zeta + g_v > 0, g_u + 1 > 0$, 当 $\tau = 0$ 时系统 (3-2) 的平凡平衡点 $E_0 = (0,0)$ 是局部渐近稳定的, 对于系统 (3-2) 的平凡平衡点 $E_0 = (0,0)$ 有如下结论:

(1) 当 (H1) 和 (H2) 成立时, 系统 (3-2) 在 $\tau = \tau_0^{(j)}(j = 0,1,2,\cdots)$ 时经历 Hopf 分岔, 当 $\tau \in [0, \tau_0^{(0)})$ 时, 平凡平衡点 E_0 局部渐近稳定, 当 $\tau > \tau_0^{(0)}$ 时, 该平衡点不稳定.

(2) 当 (H1) 和 (H3) 成立时, 系统 (3-2) 在平凡平衡点 E_0 处当 $\tau = \tau_l^{(j)}(l = 1,2; j = 0,1,2,\cdots)$ 时经历 Hopf 分岔, 存在正整数 $n \in N$, 使得

$$0 < \tau_1^{(0)} < \tau_2^{(0)} < \cdots < \tau_1^{(n)} < \tau_2^{(n)} < \tau_1^{(n+1)} < \tau_1^{(n+2)} < \tau_2^{(n+1)} < \cdots,$$

则当 $\tau \in [0, \tau_1^{(0)}) \bigcup \cup_{k=0}^{n}(\tau_2^{(k)}, \tau_1^{(k+1)})$ 时, E_0 局部渐近稳定, 当 $\tau \in \cup_{k=0}^{n}(\tau_1^{(k)}, \tau_2^{(k)}) \bigcup (\tau_1^{(n+1)}, +\infty)$ 时, E_0 不稳定.

证明 (1) 当 (H1) 成立时, 在 $\tau = 0$ 时系统 (3-2) 的平衡点 E_0 局部渐近稳定, 当 (H2) 成立时, $h(z) = 0$ 具有一个负实部的根和一个正实部的根 z_0, 并且

$$\operatorname{Sign}\left(\operatorname{Re}\left(\frac{\mathrm{d}\lambda}{\mathrm{d}\tau}\right)^{-1}_{\tau=\tau_0^{(j)}}\right) = \operatorname{Sign}(h'(z_0)) > 0,$$

因此, 当 $\tau \in [0, \tau_0^{(0)})$ 时, 方程 (3-4) 的所有根都具有负实部, 当 $\tau > \tau_0^{(0)}$ 时, 方程 (3-4) 至少有一对具有正实部的根.

(2) 当 (H3) 成立时, $h(z) = 0$ 具有两个正实部的根 z_1 和 z_2, 并且

$$\operatorname{Sign}\left(\operatorname{Re}\left(\frac{\mathrm{d}\lambda}{\mathrm{d}\tau}\right)^{-1}_{\tau=\tau_1^{(j)}}\right) = \operatorname{Sign}(h'(z_1)) < 0,$$
$$\operatorname{Sign}\left(\operatorname{Re}\left(\frac{\mathrm{d}\lambda}{\mathrm{d}\tau}\right)^{-1}_{\tau=\tau_2^{(j)}}\right) = \operatorname{Sign}(h'(z_2)) > 0,$$

因此, 存在 $n \in N$, 使得当 $\tau \in [0, \tau_1^{(0)}) \bigcup \cup_{k=0}^{n}(\tau_2^{(k)}, \tau_1^{(k+1)})$ 时, 方程 (3-4) 的所有根都具有负实部; 当 $\tau \in \cup_{k=0}^{n}(\tau_1^{(k)}, \tau_2^{(k)}) \bigcup (\tau_1^{(n+1)}, +\infty)$ 时, 方程 (3-4) 至少有一对具有正实部的根. 证毕.

上述定理的条件表示形式有点复杂, 事实上, 我们可以给出 $\zeta - g_u - g_v$ 平面的参数图 (见图 3.1).

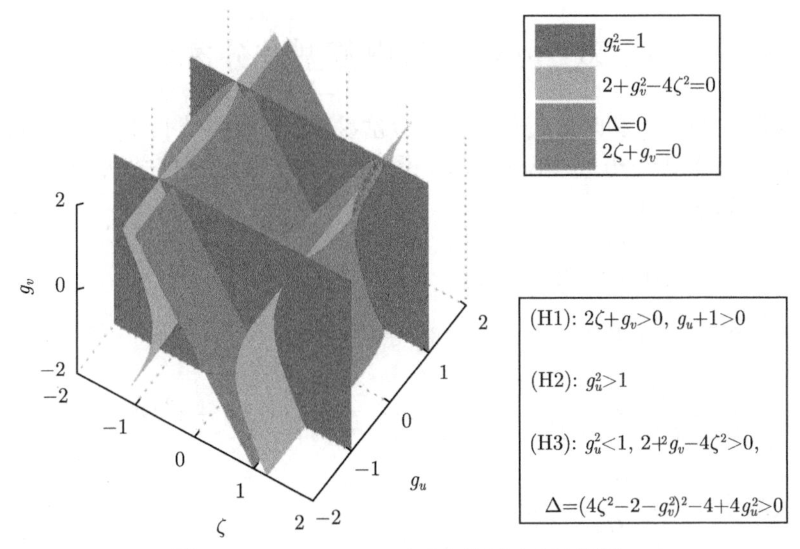

图 3.1 $\zeta - g_u - g_v$ 平面参数图 (后附彩图)

这里的粉色平面刻画了 $2\zeta + g_v = 0$, 这里的蓝色平面指的是 $g_u^2 = 1$, 这里的绿色双曲柱面对应 $2 + g_v^2 - 4\zeta^2 = 0$, 这里的红色曲面描述了 $\Delta = 0$. 方便起见, 我们定义点 $(\zeta, g_u, g_v) = (0, 0, 1)$ 位于上述曲面 (或平面) 的内部, 则上述曲面 (或平面) 不包括点 $(0, 0, 1)$ 的部分则为外部. 则当参数选取在粉色平面上方和平面 $g_u = -1$ 右侧时, 假设 (H1) 成立. 当参数选取在蓝色平面外部时, 假设 (H2) 成立. 当参数选取在蓝色平面、绿色双曲柱面和红色曲面内部时, 假设 (H3) 成立. 显然, 假设 (H3) 的条件非空. 条件 $\Delta > 0$ 即为

$$(c^2 - v^2)^2 + 4m(u^2 m + v^2 k - c^2 k) > 0,$$

当 $|v| > |c|$ 时, $\Delta > 0$ 显然成立. 条件 $|v| > |c|$ 意味着速度反馈强度的绝对值大于阻尼的绝对值. 因此, 如果选取 $|v| > |c|$, 则 $\Delta > 0$ 显然成立.

由定理 3.2(2) 可知, 两条 Hopf 分岔曲线可能相交, 因而, 我们有如下定理.

定理 3.3 若假设 (H3) 成立, 并且 $\tau_1^{(j)} = \tau_2^{(l)}, j, l = 0, 1, 2, \cdots$, 则系统 (3-2) 经历双 Hopf 分岔, 这里 $\tau_l^{(k)} (l = 1, 2; k = 0, 1, 2, \cdots)$ 由式 (3-11) 给出.

当两条 Hopf 分岔曲线相交时, 双 Hopf 分岔才可能发生, 此时 $\tau_c = \tau_1^{(j)} = \tau_2^{(l)}$, 这里 $j, l = 0, 1, 2, \cdots$. 等式 $\tau_c = \tau_1^{(j)} = \tau_2^{(l)}$ 意味着当 $\tau = \tau_c$ 时, 平衡点处的线性化系统具有两对纯虚特征值 $\pm \mathrm{i}\omega_1$ 和 $\pm \mathrm{i}\omega_2$. 假设 $\omega_1/\omega_2 = k_1/k_2$, 则为 k_1/k_2 双 Hopf 分岔, 当 $k_1, k_2 \in Z_+$, 称为 k_1/k_2 共振双 Hopf 分岔, 否则称为非共振双 Hopf 分岔. 这里, 我们只考虑非共振情况.

3.4 双 Hopf 分岔规范型及分岔分析

选取阻尼系数 ζ 和时滞 τ 作为两个分岔参数. 假设系统 (3-2) 当 $\zeta=\zeta_c,\tau=\tau_c$ 时在平凡平衡点处经历双 Hopf 分岔, 进一步, 由多时间尺度方法, 系统 (3-2) 的解可假设为如下形式:

$$x(t)=\epsilon^{\frac{1}{2}}x_1(T_0,T_1,\cdots)+\epsilon^{\frac{3}{2}}x_2(T_0,T_1,\cdots)+\cdots, \tag{3-13}$$

这里 $T_k=\epsilon^k t, k=0,1,2,\cdots$. 关于 t 的导数为

$$\frac{\mathrm{d}}{\mathrm{d}t}=\frac{\partial}{\partial T_0}+\epsilon\frac{\partial}{\partial T_1}+\epsilon^2\frac{\partial}{\partial T_2}+\cdots=D_0+\epsilon D_1+\epsilon^2 D_2+\cdots,$$

这里微分算子 $D_i=\dfrac{\partial}{\partial T_i}, i=0,1,2,\cdots$.

定义

$$x_j=x_j(T_0,T_1,\cdots),$$

$$x_{j\tau_c}=x_j(T_0-\tau_c,T_1,\cdots),$$

这里 $j=1,2,\cdots$. 由解 (3-13) 可知

$$\begin{aligned}\dot{x}(t)&=\epsilon^{\frac{1}{2}}D_0x_1+\epsilon^{\frac{3}{2}}D_1x_1+\epsilon^{\frac{3}{2}}D_0x_2+\cdots,\\ \ddot{x}(t)&=\epsilon^{\frac{1}{2}}D_0^2x_1+2\epsilon^{\frac{3}{2}}D_0D_1x_1+\epsilon^{\frac{3}{2}}D_0^2x_2+\cdots,\end{aligned} \tag{3-14}$$

在系统 (3-2) 中选取扰动参数 $\zeta=\zeta_c+\epsilon\zeta_\epsilon$ 和 $\tau=\tau_c+\epsilon\tau_\epsilon$. 对于时滞项, 我们将 $x_j(t-\tau)(j=1,2,3,\cdots)$ 在 x_{jc} 处进行展开, 即

$$\begin{aligned}x(t-\tau)&=\epsilon^{\frac{1}{2}}x_1(T_0-\tau_c-\epsilon\tau_\epsilon,T_1-\epsilon(\tau_c+\epsilon\tau_\epsilon),\cdots)\\&\quad+\epsilon^{\frac{3}{2}}x_2(T_0-\tau_c-\epsilon\tau_\epsilon,T_1-\epsilon(\tau_c+\epsilon\tau_\epsilon),\cdots)+\cdots\\&=\epsilon^{\frac{1}{2}}x_{1\tau_c}-\epsilon^{\frac{3}{2}}\tau_\epsilon D_0x_{1\tau_c}-\epsilon^{\frac{3}{2}}\tau_c D_1x_{1\tau_c}+\epsilon^{\frac{3}{2}}x_{2\tau_c}+\cdots,\\ \dot{x}(t-\tau)&=\epsilon^{\frac{1}{2}}D_0x_{1\tau_c}+\epsilon^{\frac{3}{2}}(D_1x_{1\tau_c}-\tau_\epsilon D_0^2x_{1\tau_c}-\tau_cD_0D_1x_{1\tau_c}+D_0x_{2\tau_c})+\cdots.\end{aligned} \tag{3-15}$$

将多时间尺度形式的解 (3-13)—(3-15) 代入系统 (3-2) 中, 平衡 $\epsilon^{\frac{n}{2}}(n=1,2,3,\cdots)$ 项的系数, 得到一系列的线性微分方程. 首先, 对于 $\epsilon^{\frac{1}{2}}$ 阶项, 我们有

$$D_0^2x_1+2\zeta_cD_0x_1+x_1+g_ux_{1\tau_c}+g_vD_0x_{1\tau_c}=0. \tag{3-16}$$

由于 $\pm\mathrm{i}\omega_1$ 和 $\pm\mathrm{i}\omega_2$ 为系统 (3-2) 的线性部分的特征值, 从而方程 (3-16) 的解可以表示为如下形式:

$$x_1(T_0, T_1, \cdots) = H_1(T_1)e^{\mathrm{i}\omega_1 T_0} + \overline{H}_1(T_1)e^{-\mathrm{i}\omega_1 T_0} + H_2(T_1)e^{\mathrm{i}\omega_2 T_0} + \overline{H}_2(T_1)e^{-\mathrm{i}\omega_2 T_0}. \tag{3-17}$$

接下来, 对于 $\epsilon^{\frac{3}{2}}$ 阶项, 我们有

$$\begin{aligned}&D_0^2x_2 + 2\zeta_c D_0 x_2 + x_2 + g_u x_{2\tau_c} + g_v D_0 x_{2\tau_c}\\ =&-2D_0D_1x_1 - 2\zeta_c D_1 x_1 - 2\zeta_\epsilon D_0 x_1 + g_u\tau_\epsilon D_0 x_{1\tau_c} + g_u\tau_c D_1 x_{1\tau_c}\\ &-g_v D_1 x_{1\tau_c} + \tau_\epsilon g_v D_0^2 x_{1\tau_c} + g_v\tau_c D_0 D_1 x_{1\tau_c} + \beta x_{1\tau_c}^3.\end{aligned} \tag{3-18}$$

将解 (3-17) 代入式 (3-18) 中, 简化得到如下方程:

$$\begin{aligned}\frac{\partial H_1}{\partial T_1} &= \delta_1\zeta_\epsilon H_1 + \mu_1\tau_\epsilon H_1 + Q_1 H_1^2\overline{H}_1 + 2Q_1 H_1 H_2 \overline{H}_2,\\ \frac{\partial H_2}{\partial T_1} &= \delta_2\zeta_\epsilon H_2 + \mu_2\tau_\epsilon H_2 + Q_2 H_2^2\overline{H}_2 + 2Q_2 H_1 \overline{H}_1 H_2,\end{aligned} \tag{3-19}$$

这里,

$$\delta_j = \frac{-2\mathrm{i}\omega_j}{2\mathrm{i}\omega_j + 2\zeta_c - g_u\tau_c e^{-\mathrm{i}\omega_j\tau_c} + g_v e^{-\mathrm{i}\omega_j\tau_c}(1-\tau_c\mathrm{i}\omega_j)},$$

$$\mu_j = \frac{g_u\mathrm{i}\omega_j e^{-\mathrm{i}\omega_j\tau_c} - g_v\omega_j^2 e^{-\mathrm{i}\omega_j\tau_c}}{2\mathrm{i}\omega_j + 2\zeta_c - g_u\tau_c e^{-\mathrm{i}\omega_j\tau_c} + g_v e^{-\mathrm{i}\omega_j\tau_c}(1-\tau_c\mathrm{i}\omega_j)},$$

$$Q_j = 3\beta e^{-\mathrm{i}\omega_j\tau_c}, \quad j = 1, 2.$$

令 $H_j = r_j e^{\mathrm{i}\theta_j}(j = 1, 2)$. 将该表达式代入方程 (3-19), 产生如下极坐标形式的规范型:

$$\begin{cases}\dot{r}_1 = [\mathrm{Re}(\delta_1)\zeta_\epsilon + \mathrm{Re}(\mu_1)\tau_\epsilon]r_1 + \mathrm{Re}(Q_1)(r_1^3 + 2r_1r_2^2),\\ \dot{r}_2 = [\mathrm{Re}(\delta_2)\zeta_\epsilon + \mathrm{Re}(\mu_2)\tau_\epsilon]r_2 + \mathrm{Re}(Q_2)(r_2^3 + 2r_1^2r_2),\\ \dot{\theta}_1 = \mathrm{Im}(\delta_1)\zeta_\epsilon + \mathrm{Im}(\mu_1)\tau_\epsilon + \mathrm{Im}(Q_1)r_1^2 + 2\mathrm{Im}(Q_1)r_2^2,\\ \dot{\theta}_2 = \mathrm{Im}(\delta_2)\zeta_\epsilon + \mathrm{Im}(\mu_1)\tau_\epsilon + \mathrm{Im}(Q_2)r_2^2 + 2\mathrm{Im}(Q_1)r_1^2.\end{cases} \tag{3-20}$$

在这一部分, 我们给出基于规范型 (3-20) 的前两个方程的分岔分析, 考虑如下方程:

$$\begin{cases}\dot{r}_1 = m_1r_1 + \mathrm{Re}(Q_1)r_1^3 + 2\mathrm{Re}(Q_1)r_1r_2^2,\\ \dot{r}_2 = m_2r_2 + \mathrm{Re}(Q_2)r_2^3 + 2\mathrm{Re}(Q_2)r_1^2r_2,\end{cases} \tag{3-21}$$

这里 $m_j=\mathrm{Re}(\delta_j)\zeta_\epsilon+\mathrm{Re}(\mu_j)\tau_\epsilon, j=1,2$, 其中 δ_j, μ_j 和 Q_j 由式 (3-19) 给出.

由 $\dot{r}_1=\dot{r}_2=0$ 可得方程 (3-21) 的平凡平衡点. 注意到 $F_0=(r_1,r_2)=(0,0)$ 对应平凡平衡点, 其余三个平衡点分别为

$$F_1=\left(\sqrt{-\frac{m_1}{\mathrm{Re}(Q_1)}},0\right),\quad \frac{m_1}{\mathrm{Re}(Q_1)}<0,$$

$$F_2=\left(0,\sqrt{-\frac{m_2}{\mathrm{Re}(Q_2)}}\right),\quad \frac{m_2}{\mathrm{Re}(Q_2)}<0,$$

$$F_3=\left(\sqrt{\frac{\mathrm{Re}(Q_2)m_1-2m_2\mathrm{Re}(Q_1)}{3\mathrm{Re}(Q_1)\mathrm{Re}(Q_2)}},\sqrt{\frac{\mathrm{Re}(Q_1)m_2-2m_1\mathrm{Re}(Q_2)}{3\mathrm{Re}(Q_2)\mathrm{Re}(Q_1)}}\right),$$

$$\frac{\mathrm{Re}(Q_2)m_1-2m_2\mathrm{Re}(Q_1)}{3\mathrm{Re}(Q_1)\mathrm{Re}(Q_2)}>0,\quad \frac{\mathrm{Re}(Q_1)m_2-2m_1\mathrm{Re}(Q_2)}{3\mathrm{Re}(Q_2)\mathrm{Re}(Q_1)}>0.$$

平凡平衡点 F_0 在临界线 $L_1: m_1=0$ 和 $L_2: m_2=0$ 分别分支出半平凡平衡点 F_1 和 F_2. 非平凡平衡点 F_3 与半平凡平衡点 F_2 和 F_1 分别在临界线

$$L_3: m_1\mathrm{Re}(Q_2)-2\mathrm{Re}(Q_1)m_2=0,\quad \frac{m_2}{\mathrm{Re}(Q_2)}<0$$

和

$$L_4: \mathrm{Re}(Q_1)m_2-2m_1\mathrm{Re}(Q_2)=0,\quad \frac{m_1}{\mathrm{Re}(Q_1)}<0$$

重合.

若 $m_1+m_2-\dfrac{2m_2\mathrm{Re}(Q_1)}{\mathrm{Re}(Q_2)}-\dfrac{2m_1\mathrm{Re}(Q_2)}{\mathrm{Re}(Q_1)}<0$, 平衡点 F_3 为渊点, 否则 F_3 为源点. 因此, 当 $\dfrac{\mathrm{Re}(Q_2)m_1-2m_2\mathrm{Re}(Q_1)}{3\mathrm{Re}(Q_1)\mathrm{Re}(Q_2)}>0$ 和 $\dfrac{\mathrm{Re}(Q_1)m_2-2m_1\mathrm{Re}(Q_2)}{3\mathrm{Re}(Q_2)\mathrm{Re}(Q_1)}>0$ 时, 进一步考虑分支线

$$L_5: m_1+m_2-\frac{2m_2\mathrm{Re}(Q_1)}{\mathrm{Re}(Q_2)}-\frac{2m_1\mathrm{Re}(Q_2)}{\mathrm{Re}(Q_1)}=0,$$

从而得到如下分岔线:

$$L_1: m_1=0,$$

$$L_2: m_2=0,$$

$$L_3: m_1\mathrm{Re}(Q_2)-2\mathrm{Re}(Q_1)m_2=0,\quad \frac{m_2}{\mathrm{Re}(Q_2)}<0,$$

$$L_4: \mathrm{Re}(Q_1)m_2 - 2m_1\mathrm{Re}(Q_2) = 0, \quad \frac{m_1}{\mathrm{Re}(Q_1)} < 0,$$

$$L_5: m_1 + m_2 - \frac{2m_2\mathrm{Re}(Q_1)}{\mathrm{Re}(Q_2)} - \frac{2m_1\mathrm{Re}(Q_2)}{\mathrm{Re}(Q_1)} = 0,$$

$$\frac{\mathrm{Re}(Q_2)m_1 - 2m_2\mathrm{Re}(Q_1)}{3\mathrm{Re}(Q_1)\mathrm{Re}(Q_2)} > 0, \quad \frac{\mathrm{Re}(Q_1)m_2 - 2m_1\mathrm{Re}(Q_2)}{3\mathrm{Re}(Q_2)\mathrm{Re}(Q_1)} > 0. \tag{3-22}$$

按照 $\mathrm{Re}(Q_1)\mathrm{Re}(Q_2)$ 的符号, 对于规范型 (3-21), 存在两种情形, 即: “简单情形”(没有周期解) 和 “复杂情形”(具有周期解 [3]). 这里, 我们省略双 Hopf 分支规范型的具体分支分析, 详细的分析过程可以参考文献 [3].

3.5 实例分析

注意到

$$\zeta = c/2m\sqrt{m/k}, \quad g_u = u/k, \quad g_v = v/m\sqrt{m/k},$$

这里, $m>0$ 表示质量, c 表示阻尼, k 表示刚度, u 和 v 表示反馈强度. 一般来说, 反馈强度 u 和 v 是可调的, 我们考虑胶液粘稠度 (阻尼 c) 和时滞 τ 对受控系统的影响. 因此, 对于不同的参数, 按照定理 3.1—定理 3.3, 可以考虑不同的分支现象和动力学行为. 例如, 考虑 $m=10\mathrm{kg}$, $k=100\mathrm{N/m}$ 的球阀, 我们有如下三组分岔的临界参数值:

(1) 干草叉分岔: $u=-100$, $g_u=-1$.

(2) Hopf 分岔: $u=300$, $g_u=3$, $g_v=2$, $v=63.245553$, $c=-0.948683$, $\zeta_c=-0.015$.

(3) 双 Hopf 分岔: $u=10$, $g_u=0.1$, $g_v=0.52$, $v=16.443844$, $c=-1.026159$, $\zeta_c=-0.016225$.

我们选择上述的三组参数值, 即: $g_u=0.1$, $g_v=0.52$, $\zeta_c=-0.016225$, 令 $\beta=0.1$, 则该组参数值满足假设 (H1) 和 (H3), 特征方程 (3-4) 有两对纯虚根, 系统 (3-2) 经历双 Hopf 分岔. 考虑分支参数 ζ 和 τ, 由式 (3-9)—(3-11), 方程 (3-19), 方程 (3-21) 和式 (3-22) 简单计算可得

$$\omega_1=1.296185, \quad \tau_1^{(0)}=1.050575, \quad \tau_1^{(1)}=5.898020, \quad \mathrm{Re}(\lambda_1'(\tau_1^{(j)}))>0, \quad j=1,2,$$

$$\omega_2=0.767628, \quad \tau_2^{(0)}=5.898020, \quad \mathrm{Re}(\lambda_2'(\tau_1^{(1)}))<0,$$

$$m_1=-0.252317\zeta_\epsilon+0.097177\tau_\epsilon,$$

$m_2 = -0.328660\zeta_\epsilon - 0.072443\tau_\epsilon,$

$\mathrm{Re}(Q_1) = -0.041557, \quad 2\mathrm{Re}(Q_1) = -0.083113,$

$\mathrm{Re}(Q_2) = 0.048864, \quad 2\mathrm{Re}(Q_2) = 0.097739.$

分岔临界线为

$$L_1 : \zeta_\epsilon = 0.385140\tau_\epsilon,$$

$$L_2 : \zeta_\epsilon = -0.220418\tau_\epsilon,$$

$$L_3 : \zeta_\epsilon = 0.169289\tau_\epsilon,$$

$$L_4 : \zeta_\epsilon = -0.032094\tau_\epsilon,$$

$$L_5 : \zeta_\epsilon = 0.075028\tau_\epsilon.$$

为给出更清晰的分岔图, 我们选取参数:$g_u = 0.1$, $g_v = 0.52$, 得到参数 ζ 和 τ 的分支图 (见图 3.2). 由该图可知, 系统存在稳定性开关和双 Hopf 分岔临界点 (例如点 A 和点 B).

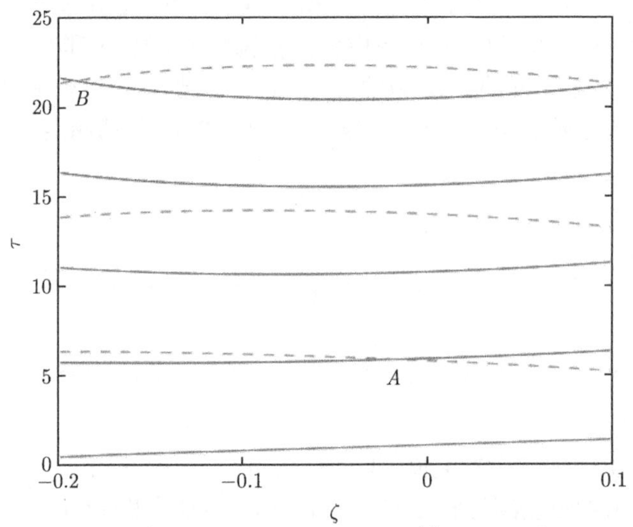

图 3.2　关于参数 ζ 和时滞 τ 的分岔图, 这里, $\tau_1^{(j)}(j=0,1,2,3,4)$(蓝线) 和 $\tau_2^{(j)}(j=0,1,2)$(红线) 是关于 ζ 的 Hopf 分岔临界线 (后附彩图)

图 3.3 给出 $(\tau_\epsilon, \zeta_\epsilon)$ 参数平面上的双 Hopf 分岔临界点 (τ_c, ζ_c) 附近的临界线及相应的 (r_1, r_2) 平面上的动力学性质描述. 根据原始系统 (3-2) 在平凡平衡点附近的动力学性质, 上述临界分支线将参数平面 $(\tau_\epsilon, \zeta_\epsilon)$ 划分为七个区域 (见图 3.3).

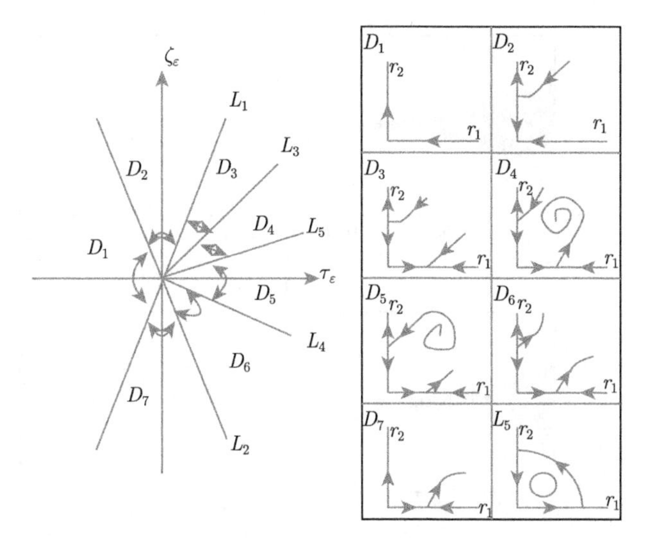

图 3.3 双 Hopf 分岔临界点 (τ_c, ζ_c) 附近的 $(\tau_\epsilon, \zeta_\epsilon)$ 参数平面上的分岔线及 (r_1, r_2) 平面上相应的相图

对于系统 (3-2), 根据图 3.3 按照顺时针方向从 D_1 区域起止, 描述双 Hopf 分岔临界点附近的动力学性质. 在区域 D_1, 系统只有一个平凡的平衡点 (鞍点). 当参数从 D_1 穿过临界线 L_2 到 D_2, 由 Hopf 分岔从平凡平衡点处分岔出一个不稳定的周期解 O_2, 平凡的平衡点变为渊点. 类似地, 当参数从区域 D_2 变化到 D_3, 由 Hopf 分支从平凡平衡点处分岔出一个稳定的周期解 O_1, 平凡的平衡点变为鞍点. 在区域 D_4, 由二次 Hopf 分岔从周期解 O_1 分支出稳定的拟周期解, 周期解 O_1 变为鞍解. 当参数从 D_4 穿过临界线 L_5 到 D_5, 稳定的拟周期解变为不稳定的拟周期解. 当参数继续变化从 D_5 穿过临界线 L_4 到 D_6, 拟周期解与周期解 O_2 相撞消失, O_2 变为源解. 当参数继续变化从 D_6 穿过临界线 L_2 到 D_7, 不稳定的周期解 O_2 与平凡的平衡点相撞消失, 平凡平衡点从鞍点变为源点. 最后, 当参数从 D_7 穿过临界线 L_1 到 D_1, 不稳定周期解 O_1 与平凡平衡点相撞消失, 平凡平衡点从源点变为鞍点.

在上述参数值 $g_u = 0.1$, $g_v = 0.52$, $\beta = 0.1$ 下, 选取 τ 和 ζ 作为分岔参数, 在双 Hopf 分岔临界值 $(\tau_c, \zeta_c) = (5.89802, -0.016225)$ 附近, 定义 $\tau = \tau_c + \tau_\epsilon$, $\zeta = \zeta_c + \zeta_\epsilon$, 选取三组扰动参数值: $(\tau_\epsilon, \zeta_\epsilon) = (0, 0.01)$, $(0.01, 0.003)$ 和 $(0.4, 0.04)$, 初值均为 $\phi(t) = (-0.1, 0.1)^{\mathrm{T}}$, 这里, $t \in [-\tau, 0]$, 三组参数值分别属于区域 D_2, D_3 和 D_4, 分别对应于系统 (3-2) 中的稳定平衡点 (见图 3.4), 稳定周期解 (见图 3.5) 和稳定拟周期解 (见图 3.6). 显然, 数值仿真的结果与理论分析结果完全一致.

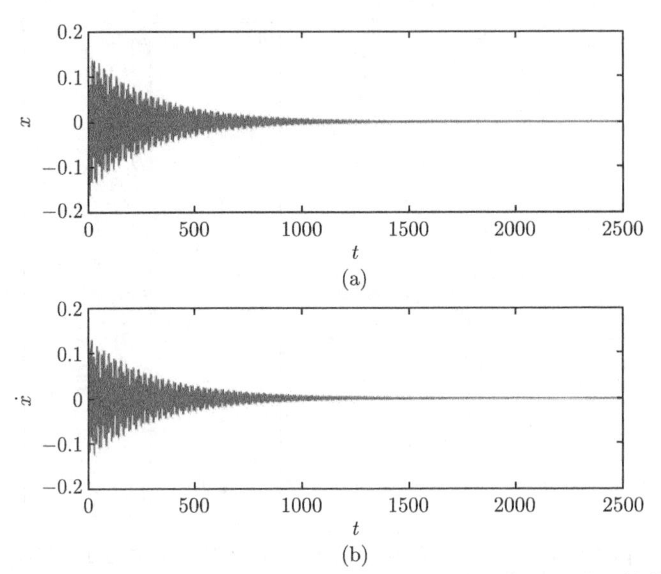

图 3.4　当 $(\tau_\epsilon, \zeta_\epsilon) = (0, 0.01)$ 时, 系统 (3-2) 在双 Hopf 分岔临界点附近的数值模拟解: (a) 时间波形图; (b) 相图, 此时系统存在一个稳定的平衡点

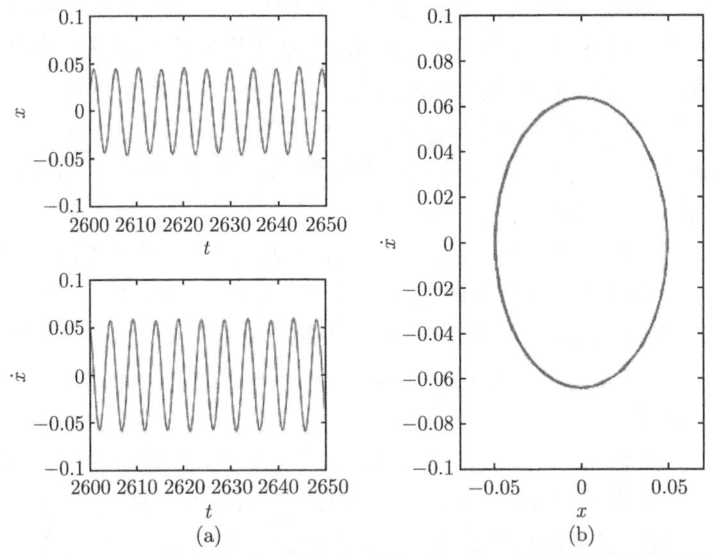

图 3.5　当 $(\tau_\epsilon, \zeta_\epsilon) = (0.01, 0.003)$ 时, 系统 (3-2) 在双 Hopf 分岔临界点附近的数值模拟解: (a) 时间波形图; (b) 相图, 此时系统存在一个稳定的周期解

在施胶系统中, 由于齿轮泵的旋转惯性导致球阀回位不佳, 因而需要有效地控制球阀. 事实上, 对于不同参数值 (例如, 球阀质量 m 和刚度 k) 和胶液粘稠度 (例如, 阻尼 c) 可以按照上述理论分析结果, 通过调节参数把球阀控制到一个新的

状态, 即: 稳定的平衡态, 稳定的周期解或稳定的拟周期解. 考虑到实际含义, 我们更希望得到稳定的周期运动状态或稳定的拟周期运动状态. 因而, 主动控制方法可以有效地控制球阀运动, 通过选取适当的控制参数, 既能准确描述系统的动力学行为, 还可以实现该系统在实际问题中的各类应用.

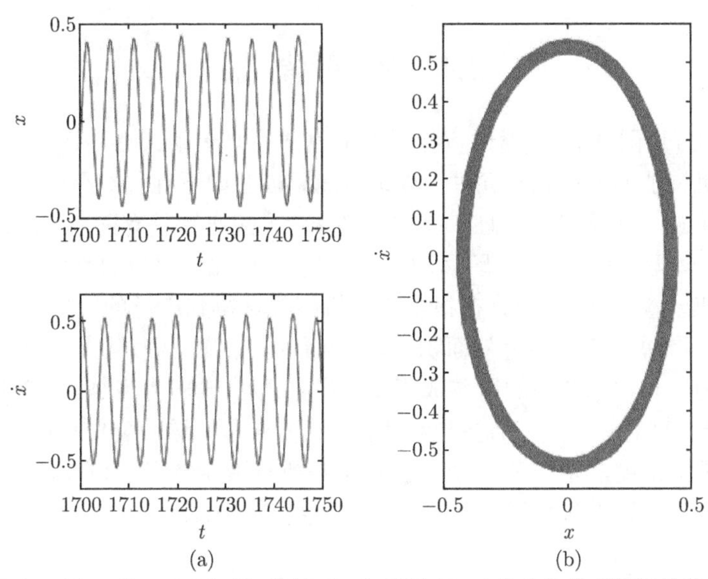

图 3.6　当 $(\tau_\epsilon, \zeta_\epsilon) = (0.4, 0.04)$ 时, 系统 (3-2) 在双 Hopf 分岔临界点附近的数值模拟解: (a) 时间波形图; (b) 相图, 此时系统存在一个稳定的拟周期解

第 4 章　非线性液压缸系统的建模及稳定性分析

4.1　研 究 背 景

液压缸 (见图 4.1) 是通过执行元件的直线往复运动或摆动运动, 从而将液压能转变为机械能的液压执行元件. 常见的液压缸有如下几种类型: 活塞式液压缸、柱塞式液压缸、伸缩式液压缸和摆动式液压缸. 液压缸具有简单但可靠的组成结构, 元件之间无需传动间隙就可以稳定运动, 执行元件进行直线往复运动时可有效去除减速装置, 因此液压缸在很多工程机械领域得到广泛的应用. 一方面, 液压缸的输出力取决于活塞的有效面积, 有效面积越大, 输出力越大; 另一方面, 液压缸的输出力还与活塞两边的压差成正比, 压差越大, 输出力也越大. 液压缸基本组成结构如下: 缸筒和缸盖、活塞和活塞杆、密封装置、缓冲装置与排气装置. 其中缸筒和缸盖、活塞和活塞杆、密封装置都是所有液压缸必不可少的组成部分, 而有些液压缸中可以不包含缓冲装置和排气装置 [87-89].

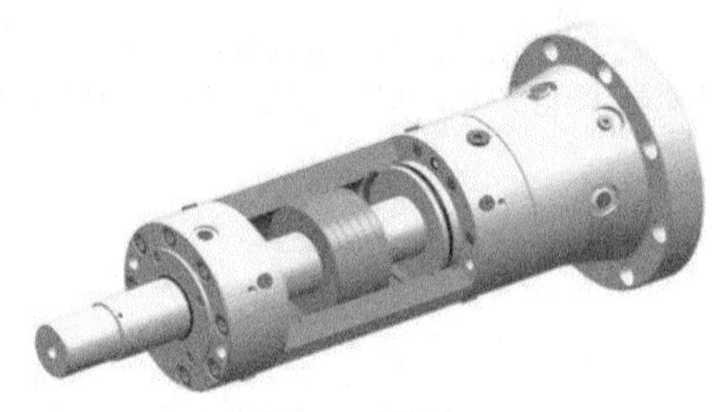

图 4.1　液压缸

众所周知, 从 20 世纪开始, 液压技术就逐渐应用于军事、工业等领域, 但是关于液压控制技术则是 21 世纪中叶才得到不断发展和完善, 随着世界范围内各国的军事、电子科技、民用工业等领域的发展, 液压技术也在不断改革和创新, 研发人员更青睐于尺寸小、重量轻、反应灵敏、负载刚度大的液压系统, 这类液压系统也逐渐在更多领域得到广泛的应用 [90-92].

阀控对称液压缸系统和阀控非对称液压缸系统有着各自的优势和特点, 相比较而言, 非对称液压缸系统加工简单, 滑动摩擦阻力较小, 系统只需要在较小空间运行, 单边滑动密封的工作效率和可靠性都比较低. 阀控对称液压缸系统则恰恰相反, 能弥补非对称液压缸的上述缺点, 并且还有着优良的控制特性, 在工程应用、机械工程、生产实践过程中有着广泛的应用前景.

液压传动与控制技术不断发展完善, 液压传动系统凭借因其结构简单、体积小、质量轻、输出功率大等优点在工程机械、压力机械和航空工业领域有着广泛应用. 并且, 液压传动控制系统能在机床工作过程中频繁转换运动方向, 很容易实现无级变速, 自动化水平较高, 所以在经济建设中占据着越来越重要的地位, 也带来很多经济效益.

在液压驱动系统中, 阀控系统的鲁棒性及动态响应特性均较高. 阀控液压系统主要结构组成包括: 液压泵、液压阀和执行元件, 溢流阀将液压系统中定量泵的最大供油压力限定为常值, 所以系统的效率较低, 为了进一步改进工艺、提高效率、节约能源, 学者们提出了 "负载感测系统" 的控制观点. 负载感测控制工作原理如下: 系统负载的变化直接影响负载感测压力的改变, 从而负载感测系统的变量泵自动调节供油压力, 所以负载感测观点的基本原理就是根据液压执行系统的负载感测压力改变供油压力, 从而确保供油压力与负载感测压力之差保持恒定不变, 从而达到节约能源、提高效率的目的 [93].

常见的液压伺服系统包括伺服阀控系统和伺服直驱泵控系统两种类型 [94]. 伺服阀控系统的基本原理如下: 通过伺服阀控制液体的流量. 此类系统的优点如下: 伺服阀接收信号速度快, 动态性能良好; 缺点是: 电子电气元件散热差, 效率低, 对液压油的质量有较高要求, 容易损失功率. 伺服直驱泵控系统的工作原理与伺服阀控系统不同, 它是通过调节电机的运转速度从而调节油泵中液体的输出量, 另外, 电机转速也会同时调节液压缸运动状态, 从而实现速度控制 [96-98]. 伺服直驱泵控系统的元件组成较少, 元件之间结构紧凑, 对油液的品质要求不高, 因而故障点和系统的功率损失也较少, 故该系统工作效率较高, 调速范围较宽, 易于实现高精度的控制, 因而被广泛应用在大功率重载设备的速度控制中 [99-101]. 影响液压伺服直驱系统性能的因素有很多, 例如油液的温度、油液体积弹性模量、油液粘度、系统的压力等因素. 通过建立尽可能准确刻画液压伺服直驱系统动力学性质的数学模型, 分析模型的稳定性及其他动力学性质, 从而从理论上精准有效地控制液压伺服直驱系统.

近年来, 阀控非对称液压缸系统不断发展, 控制特性逐步完善, 应用领域的范围也越来越广泛. 阀控非对称液压缸系统和阀控对称液压缸系统中很多参数定义方式及数学建模方程有着本质的不同, 但是很多学者在研究阀控非对称液压缸系统的动力学性质的过程中, 并没有注意到上述区别, 仍然按照阀控对称液压缸系统的定义方式和研究方法, 无法准确刻画阀控液缸系统的真正性能 [102-103]. 阀控液压缸是液压伺服系统中一种较为常见的驱动元件, 该元件的动力学特性往往会影响整体液压缸系统的动力学性能, 所以针对上述过程进行数学建模, 分析模型的动力学性质显得尤为重要.

针对现有的液压缸流量连续性方程、液压缸力平衡方程和滑阀的负载流量方程, 一方面可以先用非线性方程泰勒级数展开的方法对上述方程进行线性化处理, 然后进行拉氏变换, 但是该方法是一个近似方法, 存在一定的误差. 另一方面, 线性化过程中涉及负载压力与负载流量两个状态变量, 但是关于上述两个状态变量的定义方式并不唯一, 再加上液压缸在两个运动方向上的性能差异较大, 负载也明显不同, 虽然部分研究建立了传递函数, 但传递函数的系数不确定性因素较大, 模型结构、模型参数有较大的误差, 甚至需要根据不同的运动状态重新拟合模型的实际参数, 直接影响实际应用过程中的精度.

在实际的液压控制应用过程中, 应用最多的是 PID 控制方法以及结合优化方法或者智能算法的优化后的 PID 控制方法, 但该控制方法本质上是线性控制器, 所以较小的参数扰动都可能影响系统的局部动力学性质. 事实上, 液压油的温度和液压刚度对液压系统的影响往往是非线性的影响, 由于液压系统中液压油的泄漏会导致液压系统具有时间延迟特性, 并且液压系统中各个变量之间具有强耦合特征, 为了提高研究精读及准确性, 需要研究系统的鲁棒性, 并选择合适的控制策略. 本章将考虑液压缸系统的非线性、时间延迟等特性, 建立非线性延迟液压缸微分方程, 并分析方程的稳定性及分岔特性.

预压和热压是刨花板生产中两个工艺复杂且重要的环节. 热压环节的定厚段是一个电液位置伺服系统, 主要包括伺服放大器、电液伺服阀、液压动力元件三个组成部分. 四通阀控制的液压缸的工作原理如图 4.2 所示, 该液压缸是由零开

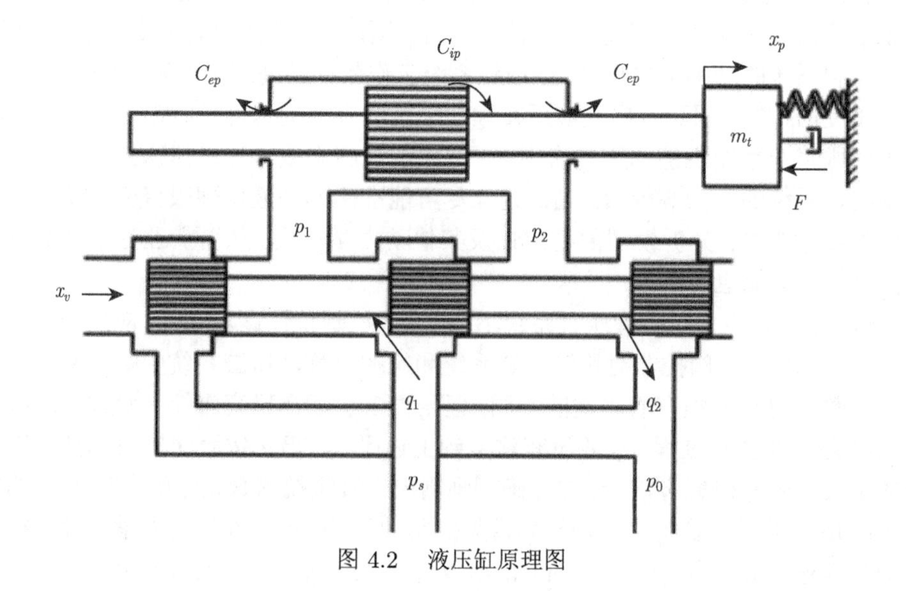

图 4.2 液压缸原理图

口四边滑阀和对称液压缸构成的. 四通阀控制的液压缸是阀控系统中较为常见的一种液压动力元件. 该控制系统的数学模型包括三个基本方程: 滑阀的流量方程、液压缸流量连续性方程和液压缸与负载的力平衡方程.

4.2 数学建模

这一节, 我们研究四通阀控制的液压缸, 原理图见图 4.2. 我们作如下假设: 四通阀是零开口四边滑阀, 液压缸的四个节流窗口具有匹配性和对称性, 供油压力为常值, 回流压力为零. 注意到位置伺服系统研究的是在稳定工作状态点附近做微小扰动时伺服系统的动力学状态, 所以当前时刻的状态变量值可以用初始条件下状态变量到当前状态变量的变化量来线性化近似表示, 从而得到如下线性化近似后的伺服阀流量方程:

$$q_1 = K_q x_v - 2K_c p_1,$$

$$q_2 = K_q x_v + 2K_c p_2,$$

其中,
q_1 为流入液压缸进油腔的流量, 单位 $\mathrm{m}^3/\mathrm{sec}$;
q_2 为从液压缸回油腔流出的流量, 单位 $\mathrm{m}^3/\mathrm{sec}$;
p_1, p_2 分别为负载的进油压力和出油压力, 单位 $\mathrm{N/m}^2$;
x_v 为阀芯位移, 单位 m;
K_q 为流量增益, 单位 $\mathrm{m}^2/\mathrm{sec}$;
K_c 为流量–压力系数, 单位 $\mathrm{m}^5/(\mathrm{N}\cdot\mathrm{sec})$.

将上述伺服阀流量方程相加, 从而得到如下一般形式的伺服阀线性化流量方程:

$$q_L = K_q x_v - K_c p_L, \tag{4-1}$$

其中,
$q_L = (q_1 + q_2)/2$ 为负载流量, 单位 $\mathrm{m}^3/\mathrm{sec}$;
$p_L = p_1 - p_2$ 为负载压力, 单位 $\mathrm{N/m}^2$.

接下来考虑液压缸工作腔. 我们首先给出如下假定: (1) 所有连续管道短而粗, 这样管道内液体流动的时间引起的延迟就可以忽略不计; (2) 管道动态误差忽略不计; 油温和体积弹性模量不受温度等外界条件影响, 均为常数; 流体质量对液压缸管道的影响忽略不计; (3) 工作腔内压力误差忽略不计, 从而假定液压缸管道内各处的压力相等; (4) 液压缸内、外泄漏为层流流动. 在上述假设条件下, 我们对每个活塞应用连续性方程, 则有

$$q_1 - C_{ip}(p_1 - p_2) - C_{ep}p_1 = \frac{\mathrm{d}v_1}{\mathrm{d}t} + \frac{v_1}{\beta_e}\frac{\mathrm{d}p_1}{\mathrm{d}t},$$

$$C_{ip}(p_1 - p_2) - C_{ep}p_2 - q_2 = \frac{\mathrm{d}v_2}{\mathrm{d}t} + \frac{v_2}{\beta_e}\frac{\mathrm{d}p_2}{\mathrm{d}t},$$

其中,

t 为时间, 单位 sec;

v_1 为液压缸进油腔的容积 (包括阀、阀到液压缸连接管道和进油腔), 单位 m^3;

v_2 为液压缸出油腔的容积 (包括阀、阀到液压缸连接管道和回油腔), 单位 m^3;

C_{ip} 为液压缸内泄漏系数, 单位 $\mathrm{m}^5/(\mathrm{N}\cdot\mathrm{sec})$;

C_{ep} 为液压缸外泄漏系数, 单位 $\mathrm{m}^5/(\mathrm{N}\cdot\mathrm{sec})$;

β_e 为有效体积弹性模量 (包括油液、连接管道和缸体的机械柔度), 单位 $\mathrm{N/m}^2$.

滑阀腔的体积可写为

$$v_1 = v_{01} + A_p x_p,$$

$$v_2 = v_{02} - A_p x_p,$$

其中,

A_p 为液压缸活塞有效面积, 单位 m^2;

x_p 为活塞位移, 单位 m;

v_{01} 为进油腔的初始体积, 单位 m^3;

v_{02} 为回油腔的初始体积, 单位 m^3.

要使压缩流量相等, 就应使液压缸两腔的初始容积相等, 即 $v_{01} = v_{02} = v_0$, 从而有

$$v_t = v_1 + v_2 = v_{01} + v_{02} = 2v_0,$$

其中, v_t 为总压缩容积, 单位 m^3. 活塞在中间位置时, 液体压缩性影响最大, 动力元件固有频率最低, 阻尼比最小, 因此, 系统稳定性最差. 所以在分析时, 应取活塞的中间位置作为初始位置. 从而得到如下液压动力元件流量连续性方程的常用形式:

$$q_L = A_p\frac{\mathrm{d}x_p}{\mathrm{d}t} + C_{tp}p_L + \frac{v_t}{4\beta_e}\frac{\mathrm{d}p_L}{\mathrm{d}t}, \tag{4-2}$$

其中, $C_{tp} = C_{ip} + C_{ep}/2$ 为液压缸总泄漏系数, 单位 $\mathrm{m}^5/(\mathrm{N}\cdot\mathrm{sec})$; $A_p\dfrac{\mathrm{d}x_p}{\mathrm{d}t}$ 是推动液压缸活塞运动所需的流量; $C_{tp}p_L$ 是总泄漏流量; $\dfrac{v_t}{4\beta_e}\dfrac{\mathrm{d}p_L}{\mathrm{d}t}$ 是总压缩流量.

注意到在流量进出过程中存在时间延迟, 定义为 τ, 因此方程 (4-2) 可写为

$$q_L = A_p\frac{\mathrm{d}x_p}{\mathrm{d}t} + C_{tp}p_L(t-\tau) + \frac{v_t}{4\beta_e}\frac{\mathrm{d}p_L}{\mathrm{d}t}. \tag{4-3}$$

负载特性会影响液压动力元件的动态特性. 负载力一般包括惯性力、粘性阻尼力、弹性力和任意外负载力. 液压缸的输出力与负载力的平衡方程可以用如下方程来刻画:

$$A_p p_L = m_t \frac{\mathrm{d}^2 x_p}{\mathrm{d}t^2} + B_p \frac{\mathrm{d}x_p}{\mathrm{d}t} + K x_p + F_c + F, \tag{4-4}$$

其中,

m_t 为活塞及负载折算到活塞上的总质量, 单位 kg;

B_p 为活塞及负载的粘性阻尼系数, 单位 (m · N · sec)/rad;

K 为负载弹簧刚度, 单位 (N · sec)/rad;

F_c 为库伦摩擦, 单位 N;

F 为作用在活塞上的任意外负载力, 单位 N.

一般来说, 外负载力为非线性函数, 近似表示为 $F = K_0 x_p^2$, 其中, K_0 为负载系数.

令 $\dfrac{\mathrm{d}x_p(t)}{\mathrm{d}t} = y_p$, 由方程 (4-1), 方程 (4-3) 和方程 (4-4), 得到如下描述液压缸系统的数学模型:

$$\begin{cases} \dfrac{\mathrm{d}x_p(t)}{\mathrm{d}t} = y_p, \\ \dfrac{\mathrm{d}y_p(t)}{\mathrm{d}t} = \dfrac{1}{m_t}[A_p p_L - B_p y_p - K x_p - F_c - K_0 x_p^2], \\ \dfrac{\mathrm{d}p_L(t)}{\mathrm{d}t} = \dfrac{4\beta_e}{v_t}[K_q x_v - K_c p_L - A_p y_p - C_{tp} p_L(t-\tau)]. \end{cases} \tag{4-5}$$

本章应用局部稳定性理论, 分析具时滞的液压缸系统 (4-5) 的几类分岔的存在性. 分析发现该系统存在平衡点分岔、Hopf 分岔、稳定性开关、Hopf-zero 分岔、双 Hopf 分岔或更高余维数的分岔. 在这一章, 我们选取多时间尺度方法推导非线性延迟液压缸系统的 Hopf-zero 分岔临界点附近的规范型, 并结合模型的实际含义给出相应的理论分析.

4.3 平衡点的稳定性及分岔存在性

考虑系统 (4-5), 首先确定系统的平衡点. 当 $K^2 - 4K_0\left(F_c - \dfrac{A_p K_q x_v}{K_c + C_{tp}}\right) > 0$ 时, 系统 (4-5) 有两个平衡点:

$$\begin{cases} (x_{p1}^*, 0, p_L^*) = \left(\dfrac{-K - \sqrt{K^2 - 4K_0\left(F_c - \dfrac{A_pK_qx_v}{K_c + C_{tp}}\right)}}{2K_0}, 0, \dfrac{K_qx_v}{K_c + C_{tp}} \right), \\ (x_{p2}^*, 0, p_L^*) = \left(\dfrac{-K + \sqrt{K^2 - 4K_0\left(F_c - \dfrac{A_pK_qx_v}{K_c + C_{tp}}\right)}}{2K_0}, 0, \dfrac{K_qx_v}{K_c + C_{tp}} \right). \end{cases} \tag{4-6}$$

当 $K^2 - 4K_0\left(F_c - \dfrac{A_pK_qx_v}{K_c + C_{tp}}\right) = 0$ 时, 系统 (4-5) 有如下唯一平衡点:

$$(x_{p3}^*, 0, p_L^*) = \left(-\frac{K}{2K_0}, 0, \frac{K_qx_v}{K_c + C_{tp}} \right). \tag{4-7}$$

方便起见, 假设系统 (4-5) 的平衡点为 $(x_p^*, 0, p_L^*)$, 将该平衡点平移到原点, 即: 令 $\hat{x}_p = x_p - x_p^*, \hat{y}_p = y_p, \hat{p}_L^* = p_L - p_L^*$, 去掉上标, 得到如下方程:

$$\begin{cases} \dfrac{\mathrm{d}x_p(t)}{\mathrm{d}t} = y_p, \\ \dfrac{\mathrm{d}y_p(t)}{\mathrm{d}t} = \dfrac{1}{m_t}[A_pp_L - B_py_p - Kx_p - K_0x_p^2 - 2K_0x_px_p^*], \\ \dfrac{\mathrm{d}p_L(t)}{\mathrm{d}t} = \dfrac{4\beta_e}{v_t}[-K_cp_L - A_py_p - C_{tp}p_L(t-\tau)]. \end{cases} \tag{4-8}$$

系统 (4-8) 的平凡平衡点为 $(x_p, y_p, p_L) = (0, 0, 0)$.

方程 (4-8) 在原点处的线性化系统的特征方程如下:

$$\lambda^3 + M_2\lambda^2 + M_1\lambda + M_0 + e^{-\lambda\tau}(N_2\lambda^2 + N_1\lambda + N_0) = 0, \tag{4-9}$$

其中,

$$M_2 = \frac{B_p}{m_t} + \frac{4\beta_eK_c}{v_t}, \quad M_1 = \frac{1}{m_t}(K + 2K_0x_p^*) + \frac{4\beta_e(K_cB_p + A_p^2)}{m_tv_t},$$

$$M_0 = \frac{4\beta_eK_c}{m_tv_t}(K + 2K_0x_p^*), \quad N_2 = \frac{4\beta_eC_{tp}}{v_t},$$

$$N_1 = \frac{B_p}{m_t}N_2, \quad N_0 = \frac{(K + 2K_0 x_p^*)}{m_t}N_2.$$

情形 1 静态分岔.

注意到当 $K^2 - 4K_0\left(F_c - \dfrac{A_pK_qx_v}{K_c + C_{tp}}\right) = 0$ 时, 系统 (4-5) 有唯一平衡点 $\left(-\dfrac{K}{2K_0}, 0, \dfrac{K_qx_v}{K_c + C_{tp}}\right)$, 此时 $K + 2K_0x_p^* = 0$, $M_0 = N_0 = 0$, 即系统 (4-8) 的特征方程为

$$\lambda[\lambda^2 + M_2\lambda + M_1 + e^{-\lambda\tau}(N_2\lambda + N_1)] = 0, \tag{4-10}$$

则特征方程 (4-10) 有一个零根 $\lambda = 0$, 从而, 当 $K^2 - 4K_0\left(F_c - \dfrac{A_pK_qx_v}{K_c + C_{tp}}\right) = 0$ 时, 系统 (4-5) 经历静态分岔.

当 $\tau = 0$ 时, 方程 (4-10) 为

$$\lambda[\lambda^2 + (M_2 + N_2)\lambda + M_1 + N_1] = 0, \tag{4-11}$$

当 $M_1 + N_1 > 0$ 且 $M_2 + N_2 > 0$ 时, 方程 (8-11) 除了一个零根, 其他所有特征根都具有严格负实部.

情形 2 Hopf 分岔.

进而考虑当 $K^2 - 4K_0\left(F_c - \dfrac{A_pK_qx_v}{K_c + C_{tp}}\right) > 0$ 时系统的局部 Hopf 和双 Hopf 分岔.

当 $\tau = 0$ 时, 方程 (4-9) 为

$$\lambda^3 + (M_2 + N_2)\lambda^2 + (M_1 + N_1)\lambda + M_0 + N_0 = 0. \tag{4-12}$$

若 $M_2 + N_2 > 0$,$M_0 + N_0 > 0$ 且 $(M_2 + N_2)(M_1 + N_1) - M_0 - N_0 > 0$, 方程 (4-12) 所有根都具有严格负实部, 平衡点 $(x_p^*, 0, p_L^*)$ 是稳定的, 这里, $(x_p^*, 0, p_L^*)$ 由式 (4-6) 给出.

为了找到可能的周期解, 令 $\lambda = \mathrm{i}\omega(\mathrm{i}^2 = -1, \omega > 0)$ 是方程 (4-9) 的根. 将该根代入方程 (4-9), 并分离实虚部得

$$\begin{cases} M_0 - M_2\omega^2 = \cos(\omega\tau)N_2\omega^2 - \sin(\omega\tau)N_1\omega - N_0\cos(\omega\tau), \\ \omega^3 - M_1\omega = \sin(\omega\tau)N_2\omega^2 + \cos(\omega\tau)N_1\omega - \sin(\omega\tau)N_0. \end{cases} \tag{4-13}$$

将式 (4-13) 的两个方程分别平方再相加, 令 $z = \omega^2$, 则有

$$F_1(z) := z^3 + (M_2^2 - 2M_1 - N_2^2)z^2 + (M_1^2 - 2M_0M_2 - N_1^2 + 2N_0N_2)z + M_0^2 - N_0^2 = 0, \tag{4-14}$$

$F_1(z)$ 的导数为

$$F_1'(z) := 3z^2 + 2(M_2^2 - 2M_1 - N_2^2)z + (M_1^2 - 2M_0M_2 - N_1^2 + 2N_0N_2) = 0. \tag{4-15}$$

当 $\Delta_1 := (M_2^2 - 2M_1 - N_2^2)^2 - 3(M_1^2 - 2M_0M_2 - N_1^2 + 2N_0N_2) > 0$ 时, 方程 $F_1'(z) = 0$ 有如下两个实根:

$$\begin{cases} z_1^* = \dfrac{-(M_2^2 - 2M_1 - N_2^2) - \sqrt{\Delta_1}}{3}, \\ z_2^* = \dfrac{-(M_2^2 - 2M_1 - N_2^2) + \sqrt{\Delta_2}}{3}, \end{cases} \tag{4-16}$$

从而给出如下假设,

(H1) $\Delta_1 > 0, M_0^2 - N_0^2 < 0, z_2^* < 0, F_1(z_2^*) > 0$;

(H2) $\Delta_1 > 0, M_0^2 - N_0^2 > 0, z_1^* > 0, F_1(z_1^*) < 0$;

(H3) $\Delta_1 > 0, M_0^2 - N_0^2 < 0, z_2^* > 0, F_1(z_1^*) < 0, F_1(z_2^*) > 0$;

(H4) $\Delta_1 > 0, M_0^2 - N_0^2 > 0, z_2^* < 0$.

在假设 (H1) 下, 方程 (4-14) 有一个正根: z_1, 且 $F_1'(z_1) > 0$. 在假设 (H2) 下, 方程 (4-14) 有两个正根: z_1 和 z_2. 假设 $z_1 < z_2$, 则有 $F_1'(z_1) < 0$,$F_1'(z_2) > 0$. 在假设 (H3) 下, 方程 (4-14) 有三个正根: z_1, z_2 和 z_3. 假设 $z_1 < z_2 < z_3$, 则 $F_1'(z_1) > 0$, $F_1'(z_2) < 0$ 且 $F_1'(z_3) > 0$. 在假设 (H4) 下, 方程 (4-14) 没有正根.

不失一般性, 假设方程 (4-14) 有正根 $z_k(k = 1,2,3)$, 因此, $\omega_k = \sqrt{z_k}$. 事实上, 如果方程 (4-14) 只有一个 (或两个) 正根 z_1(或 $z_{1,2}$), 只需固定 $k = 1$(或 $k = 1,2$) 即可. 由方程 (4-13) 可得

$$\begin{cases} Q_k := \sin(\omega_k\tau) = \dfrac{(N_2\omega_k^2 - N_0)\omega_k(\omega_k^2 - M_1) - N_1\omega_k(M_0 - M_2\omega_k^2)}{(N_2\omega_k^2 - N_0)^2 + N_1^2\omega_k^2}, \\ P_k := \cos(\omega_k\tau) = \dfrac{(M_0 - M_2\omega_k^2)(N_2\omega_k^2 - N_0) + N_1\omega_k^2(\omega_k^2 - M_1)}{(N_2\omega_k^2 - N_0)^2 + N_1^2\omega_k^2}, \end{cases} \tag{4-17}$$

由式 (4-17) 可得时滞 τ,

$$\tau_k^{(j)} = \begin{cases} \dfrac{1}{\omega_k}[\arccos(P_k) + 2j\pi], & Q_k \geqslant 0, \\ \dfrac{1}{\omega_k}[2\pi - \arccos(P_k) + 2j\pi], & Q_k < 0. \end{cases} \tag{4-18}$$

令 $\lambda(\tau)=\alpha(\tau)+\mathrm{i}\omega(\tau)$ 为方程 (4-9) 的根, 并且满足 $\alpha(\tau_k^{(j)})=0$, $\omega(\tau_k^{(j)})=\omega_k, k=1,2,3; j=0,1,2,\cdots$, 则有横截条件:

$$\mathrm{Sign}\left[\mathrm{Re}\left(\frac{\mathrm{d}\lambda}{\mathrm{d}\tau_k^{(j)}}\right)^{-1}\right]=\mathrm{Sign}\left[\frac{\omega_k^2F_1'(z_k)}{N_1^2\omega_k^4+(N_0-N_2\omega_k^2)^2\omega_k^2}\right]=\mathrm{Sign}[F_1'(z_k)], \tag{4-19}$$

其中, $k=1,2,3; j=0,1,2,\cdots$.

情形 3 Hopf-zero 分岔.

当 $K^2-4K_0\left(F_c-\dfrac{A_pK_qx_v}{K_c+C_{tp}}\right)=0$ 时, 特征方程 (4-9) 有一个零根. 为了找到可能的由 Hopf 分岔产生的周期解, 令 $\lambda=\mathrm{i}\omega$ ($\mathrm{i}^2=-1,\omega>0$) 为方程 (4-10) 的根. 将 $\lambda=\mathrm{i}\omega$ 代入方程 (4-10) 中, 并分离实虚部, 可得

$$\begin{cases}\omega^2-M_1=\sin(\omega\tau)N_2\omega+\cos(\omega\tau)N_1,\\ M_2\omega=\sin(\omega\tau)N_1-\cos(\omega\tau)N_2\omega,\end{cases} \tag{4-20}$$

令 $z=\omega^2$. 由式 (4-20) 可得

$$F_2(z):=z^2+(M_2^2-2M_1-N_2^2)z+M_1^2-N_1^2=0. \tag{4-21}$$

定义 $\Delta_2=(M_2^2-2M_1-N_2^2)^2-4(M_1^2-N_1^2)$, 我们给出如下假设:

(H5) $M_1^2-N_1^2<0$;

(H6) $M_1^2-N_1^2>0, \Delta_2>0, M_2^2-2M_1-N_2^2<0$;

(H7) $M_1^2-N_1^2>0, M_2^2-2M_1-N_2^2>0$.

在假设 (H5) 下, 方程 (4-21) 有一个正根 $z_1=\dfrac{1}{2}(2M_1+N_2^2-M_2^2+\sqrt{\Delta_2})$, 则 $\omega_1=\sqrt{z_1}$ 且 $F_2'(z_1)>0$. 在假设 (H6) 下, 方程 (4-21) 有两个正根:

$$z_{1,2}=\frac{1}{2}(2M_1+N_2^2-M_2^2\pm\sqrt{\Delta_2}),$$

则 $\omega_{1,2}=\sqrt{z_{1,2}}$ 且 $F_2'(z_1)<0, F_2'(z_2)>0$, 这里 $z_1<z_2$. 在假设 (H7) 下, 方程 (4-21) 没有正根.

当方程 (4-21) 有一个或两个正根时, 不失一般性, 假设方程 (4-21) 有正根: $z_k(k=1,2)$, 从而 $\omega_k=\sqrt{z_k}$. 事实上, 如果方程 (4-21) 只有一个正根 z_1, 只需固

定 $k=1$. 由式 (4-20) 可得

$$\begin{cases} Q_k := \sin(\omega_k\tau) = \dfrac{N_2\omega_k(\omega_k^2-M_1)+N_1M_2\omega_k}{N_2^2\omega_k^2+N_1^2}, \\ P_k := \cos(\omega_k\tau) = \dfrac{N_1(\omega_k^2-M_1)-N_2M_2\omega_k^2}{N_2^2\omega_k^2+N_1^2}. \end{cases} \tag{4-22}$$

由式 (4-22) 可得时滞 τ,

$$\tau_k^{(j)} = \begin{cases} \dfrac{1}{\omega_k}[\arccos(P_k)+2j\pi], & Q_k \geqslant 0, \\ \dfrac{1}{\omega_k}[2\pi-\arccos(P_k)+2j\pi], & Q_k < 0. \end{cases} \tag{4-23}$$

令 $\lambda(\tau)=\alpha(\tau)+\mathrm{i}\omega(\tau)$ 为方程 (4-10) 满足 $\alpha(\tau_k^{(j)})=0$ 和 $\omega(\tau_k^{(j)})=\omega_k(k=1,2;j=0,1,2,\cdots)$ 的根, 则有横截条件:

$$\mathrm{Sign}\left[\mathrm{Re}\left(\frac{\mathrm{d}\lambda}{\mathrm{d}\tau_k^{(j)}}\right)^{-1}\right] = \mathrm{Sign}\left[\frac{\omega_k^2F_2'(z_k)}{N_1^2\omega_k^4+N_2^2\omega_k^6}\right] = \mathrm{Sign}[F_2'(z_k)], \tag{4-24}$$

其中, $k=1,2;j=0,1,2,\cdots$. 结合上述结论, 可得如下定理.

定理 4.1 对于系统 (4-5) 有如下结论:

(1) 当 $K^2-4K_0\left(F_c-\dfrac{A_pK_qx_v}{K_c+C_{tp}}\right)=0$ 时, 系统 (4-5) 在平衡点 $\left(-\dfrac{K}{2K_0},0,\dfrac{K_qx_v}{K_c+C_{tp}}\right)$ 处经历静态分岔. 若 $M_1+N_1>0$ 和 $M_2+N_2>0$ 成立, 这里 M_1,M_2,N_1,N_2 由式 (4-9) 给出, 则有

(a) 在假设 (H5) 或 (H6) 下, 当 $\tau\in\{\tau|\tau\geqslant 0,\tau\neq\tau_k^{(j)}\}$ 时, 系统 (4-5) 在平衡点 $\left(-\dfrac{K}{2K_0},0,\dfrac{K_qx_v}{K_c+C_{tp}}\right)$ 处经历静态分岔, 这里, $\tau_k^{(j)}$ 由式 (4-23) 给出. 特别地, 当 $\tau\in[0,\tau_0)$, 这里 $\tau_0=\min\{\tau_k^{(0)}\}$, 方程 (4-10) 有一个零根, 其他根都具有严格负实部.

(b) 在假设 (H7) 下, 当 $\tau\geqslant 0$ 时, 方程 (4-10) 有一个零根, 其他根都具有严格负实部.

(2) 当 $K^2-4K_0\left(F_c-\dfrac{A_pK_qx_v}{K_c+C_{tp}}\right)>0$ 时, 系统 (4-5) 在平衡点 $(x_p^*,0,p_L^*)$ 处当 $\tau=\tau_k^{(j)}(k=1,2,3;j=0,1,2\cdots)$ 时经历 Hopf 分岔, 这里, $(x_p^*,0,p_L^*)$

由式 (4-6) 给出, $\tau_k^{(j)}$ 由式 (4-18) 给出. 若 $M_2+N_2>0, M_0+N_0>0$ 和 $(M_2+N_2)(M_1+N_1)-M_0-N_0>0$ 成立, 则有

(a) 在假设 (H1) 下, 方程 (4-14) 有一个正根, 当 $\tau\in(0,\tau_1^{(0)})$ 时, 系统 (4-5) 的平衡点 $(x_p^*,0,p_L^*)$ 局部渐近稳定; 当 $\tau\in(\tau_1^{(0)},+\infty)$ 时, 系统 (4-5) 的平衡点 $(x_p^*,0,p_L^*)$ 不稳定.

(b) 在假设 (H2) 下, 方程 (4-14) 有两个正根, 存在 $m\in N$ 使得

$$0<\tau_2^{(0)}<\tau_1^{(0)}<\tau_2^{(1)}<\tau_1^{(1)}<\cdots<\tau_2^{(m-1)}<\tau_1^{(m-1)}<\tau_2^{(m)}<\tau_2^{(m+1)},$$

当 $\tau\in[0,\tau_2^{(0)})\cup\bigcup\limits_{l=0}^{m-1}(\tau_1^{(l)},\tau_2^{(l+1)})$ 时, 系统 (4-5) 的平衡点 $(x_p^*,0,p_L^*)$ 局部渐近稳定; 当 $\tau\in\bigcup\limits_{l=0}^{m-1}(\tau_2^{(l)},\tau_1^{(l)})\cup(\tau_2^{(m)},+\infty)$ 时, 该平衡点不稳定.

(c) 在假设 (H3) 下, 方程 (4-14) 有三个正根, 存在一族 τ_k 使得 $0<\tau_1<\tau_2<\tau_3<\tau_4<\tau_5\cdots$, 存在 $m\in N$ 及一子列 $k_1,k_2,\cdots,k_j\in N$, 当 $\tau\in[0,\tau_1)\cup\bigcup\limits_{j=1}^{m}(\tau_{k_j},\tau_{k_j+1}$ 时, 系统 (4-5) 平衡点 $(x_p^*,0,p_L^*)$ 局部渐近稳定; 当 $\tau\in\bigcup\limits_{j=1}^{m}(\tau_{k_j-1},\tau_{k_j})\cup(\tau_{k_m+1},+\infty)$ 时, 该平衡点不稳定.

(d) 在假设 (H4) 下, 方程 (4-14) 不存在正根, 则对于 $\tau\geqslant 0$, 系统 (4-5) 的平衡点 $(x_p^*,0,p_L^*)$ 局部渐近稳定.

(3) 当 $K^2-4K_0\left(F_c-\dfrac{A_pK_qx_v}{K_c+C_{tp}}\right)=0$ 时, 在平衡点 $\left(-\dfrac{K}{2K_0},0,\dfrac{K_qx_v}{K_c+C_{tp}}\right)$ 处当 $\tau=\tau_k^{(j)}(j=0,1,2\cdots)$ 时系统 (4-5) 经历 Hopf-zero 分岔, 这里 $\tau_k^{(j)}$ 由式 (4-23) 给出. 当 $M_1+N_1>0$ 和 $M_2+N_2>0$ 成立时, 则有

(a) 在假设 (H5) 下, 方程 (4-21) 有唯一正根, 当 $\tau\in(\tau_1^{(0)},+\infty)$ 时, 系统 (4-5) 的平衡点 $\left(-\dfrac{K}{2K_0},0,\dfrac{K_qx_v}{K_c+C_{tp}}\right)$ 不稳定; 当 $\tau\in(0,\tau_1^{(0)})$ 时, 特征方程 (4-10) 有一个零根, 其他特征根都具有负实部.

(b) 在假设 (H6) 下, 方程 (4-21) 有两个正根, 存在 $m\in N$ 使得 $0<\tau_2^{(0)}<\tau_1^{(0)}<\tau_2^{(1)}<\tau_1^{(1)}<\cdots<\tau_2^{(m-1)}<\tau_1^{(m-1)}<\tau_2^{(m)}<\tau_2^{(m+1)}$ 时, 当 $\tau\in\bigcup\limits_{l=0}^{m-1}(\tau_2^{(l)},\tau_1^{(l)})\cup(\tau_2^{(m)},+\infty)$ 时, 系统 (4-5) 的平衡点 $(-\dfrac{K}{2K_0},0,\dfrac{K_qx_v}{K_c+C_{tp}})$ 不稳

定; 当 $\tau \in [0,\tau_2^{(0)}) \cup \bigcup_{l=0}^{m-1} (\tau_1^{(l)},\tau_2^{(l+1)})$ 时, 特征方程 (4-10) 有一个零根, 其他特征根都具有负实部.

由定理 4.1 知, 当两族 Hopf 分岔曲线相交时, 系统还可能产生多-Hopf 分岔, 从而有如下定理.

定理 4.2 (1) 当 $K^2 - 4K_0\left(F_c - \dfrac{A_pK_qx_v}{K_c+C_{tp}}\right) > 0$ 时, 若假设 (H2) 成立, 且 $\tau_1^{(j)} = \tau_2^{(l)}$, 则系统 (4-5) 经历双 Hopf 分岔, 这里 $\tau_k^{(j)}(k=1,2;j,l=0,1,2,\cdots)$ 由式 (4-18) 给出.

(2) 当 $k^2 - 4k_0\left(F_c - \dfrac{A_pk_qx_v}{k_c+C_{tp}}\right) > 0$ 时, 若假设 (H3) 成立, 且 $\tau_1^{(j)} = \tau_2^{(l)} = \tau_3^{(k)}$, 系统 (4-5) 经历 3-Hopf 分岔, 这里 $\tau_k^{(j)}(k=1,2;j,l=0,1,2,\cdots)$ 由式 (4-18) 给出.

(3) 当 $k^2 - 4k_0\left(F_c - \dfrac{A_pk_qx_v}{k_c+C_{tp}}\right) = 0$ 时, 若假设 (H6) 成立, 且 $\tau_1^{(j)} = \tau_2^{(l)}$, 系统 (4-5) 经历 2-Hopf-1-zero 分岔, 这里 $\tau_k^{(j)}(k=1,2;j,l=0,1,2,\cdots)$ 由式 (4-23) 给出.

等式 $\tau_c = \tau_1^{(j)} = \tau_2^{(l)}(\tau_c = \tau_1^{(j)} = \tau_2^{(l)} = \tau_3^{(k)})$ 意味着当 $\tau = \tau_c$ 时, 平衡点处的线性化系统具有两对 (三对) 纯虚特征值 $\pm\mathrm{i}\omega_1$ 和 $\pm\mathrm{i}\omega_2(\pm\mathrm{i}\omega_1,\pm\mathrm{i}\omega_2$ 和 $\pm\mathrm{i}\omega_3)$. 对某个 τ, 若方程 (4-9) 有两对 (三对) 纯虚根 $\pm\mathrm{i}\omega_1$ 和 $\pm\mathrm{i}\omega_2(\pm\mathrm{i}\omega_1,\pm\mathrm{i}\omega_2$ 和 $\pm\mathrm{i}\omega_3)$, 所有其他特征根都具有非零实部, 则系统 (4-5) 经历双 Hopf 分岔 (3-Hopf 分岔).

4.4 Hopf-zero 分岔规范型及分支分析

这一节, 利用多时间尺度方法推导 Hopf-zero 分岔的规范型, 其他分岔的规范型可以用类似方法推导. 当 $K^2 - 4K_0\left(F_c - \dfrac{A_pK_qx_v}{K_c+C_{tp}}\right) = 0$, $\tau = \tau_k^{(j)}$ 时, 特征方程 (4-9) 有一个零根 $\lambda = 0$ 和一对纯虚根 $\lambda = \pm\mathrm{i}\omega$, 其中 $\tau_k^{(j)}(k=1,2;j,l=0,1,2,\cdots)$ 由式 (4-23) 给出. 选取泄漏流量 C_{tp} 和泄漏时滞 τ 作为两个分岔参数. 假设系统 (4-8) 当 $C_{tp} = C_{tpc}$ 时在平凡平衡点处经历 Hopf-zero 分岔, 进一步, 由多时间尺度方法, 系统 (4-8) 的解可假设为如下形式:

$$\dot{X}(t) = AX(t) + BX(t-\tau) + F(X(t),X(t-\tau)), \tag{4-25}$$

其中,

$$X(t) = (x_p(t),y_p(t),p_L(t))^{\mathrm{T}}, \quad X(t-\tau) = (x_p(t-\tau),y_p(t-\tau),p_L(t-\tau))^{\mathrm{T}},$$

$$A=\begin{pmatrix} 0 & 1 & 0 \\ 0 & -\dfrac{B_p}{m_t} & \dfrac{A_p}{m_t} \\ 0 & -\dfrac{4\beta_e A_p}{v_t} & -\dfrac{4\beta_e K_c}{v_t} \end{pmatrix}, \quad B=\begin{pmatrix} 0 & 0 & 0 \\ 0 & 0 & 0 \\ 0 & 0 & -\dfrac{4\beta_e C_{tp}}{v_t} \end{pmatrix},$$

$$F(X(t),X(t-\tau))=\begin{pmatrix} 0 \\ -\dfrac{K_0 x_p^2}{m_t} \\ 0 \end{pmatrix}.$$

方程 (4-25) 的线性方程为 $\dot{X}(t)=AX(t)+BX(t-\tau):=L_c(X(t),X(t-\tau))$, 该方程的特征方程有一对纯虚根 $(\pm \mathrm{i}\omega)$ 和一个零根, 其他根都具有非零实部. 令 $h_1=(h_{11},h_{12},h_{13})^{\mathrm{T}}$ 和 $h_2=(h_{21},h_{22},h_{23})^{\mathrm{T}}$ 分别是线性算子 L_c 对应特征值 $\mathrm{i}\omega$ 和 0 的两个特征向量. 进一步, 令 $h_1^*=(h_{11}^*,h_{12}^*,h_{13}^*)^{\mathrm{T}}$ 和 $h_2^*=(h_{21}^*,h_{22}^*,h_{23}^*)^{\mathrm{T}}$ 分别是算子 L_c 的伴随算子 L_c^* 的、对应特征值 $-\mathrm{i}\omega$ 和 0 的单位化特征向量, 满足内积

$$\langle h_i^*, h_i\rangle=\overline{h_i^*}^{\mathrm{T}} h_i=1, \quad i=1,2,$$

简单计算可得

$$\begin{cases} h_1=(h_{11},h_{12},h_{13})^{\mathrm{T}}=\left(1,\mathrm{i}\omega,\dfrac{\mathrm{i}\omega m_t}{A_p}\left(\mathrm{i}\omega+\dfrac{B_p}{A_p}\right)\right)^{\mathrm{T}}, \\ h_2=(h_{21},h_{22},h_{23})^{\mathrm{T}}=(1,0,0)^{\mathrm{T}}, \\ h_1^*=(h_{11}^*,h_{12}^*,h_{13}^*)^{\mathrm{T}}=d_1\left(0,\dfrac{4\beta_e A_p}{v_t},\mathrm{i}\omega-\dfrac{B_p}{m_t}\right)^{\mathrm{T}}, \\ h_2^*=(h_{21}^*,h_{22}^*,h_{23}^*)^{\mathrm{T}}=d_2\left(\dfrac{4\beta_e A_p^2+4\beta_e B_p(K_c+C_{tpc})}{m_t v_t},\dfrac{4\beta_e(K_c+C_{tpc})}{v_t},\dfrac{A_p}{m_t}\right)^{\mathrm{T}}, \end{cases} \tag{4-26}$$

其中,

$$\begin{cases} d_1=\left[\dfrac{\left(\dfrac{B_p}{m_t}-\mathrm{i}\omega\right)^2 \mathrm{i}\omega m_t}{A_p}-\dfrac{4\beta_e A_p \mathrm{i}\omega}{v_t}\right]^{-1}, \\ d_2=\dfrac{m_t v_t}{4\beta_e A_p^2+4\beta_e B_p(K_c+C_{tpc})}. \end{cases}$$

接下来, 利用多时间尺度方法推导系统 (4-25) 的 Hopf-zero 分岔规范型. 假设系统 (4-25) 的解为

$$
\begin{cases}
X(t) = X(T_0, T_1, T_2, \cdots) = \sum_{k=1}^{\infty} \epsilon^k X_k(T_0, T_1, T_2, \cdots), \\
X(T_0, T_1, T_2, \cdots) = (x_p(T_0, T_1, T_2, \cdots), y_p(T_0, T_1, T_2, \cdots), p_L(T_0, T_1, T_2, \cdots))^{\mathrm{T}}, \\
X_k(T_0, T_1, T_2, \cdots) = (x_{pk}(T_0, T_1, T_2, \cdots), y_{pk}(T_0, T_1, T_2, \cdots), \\
\qquad\qquad p_{Lk}(T_0, T_1, T_2, \cdots))^{\mathrm{T}}.
\end{cases}
\tag{4-27}
$$

关于时间 t 的导数可写为

$$
\frac{\mathrm{d}}{\mathrm{d}t} = \frac{\partial}{\partial T_0} + \epsilon \frac{\partial}{\partial T_1} + \epsilon^2 \frac{\partial}{\partial T_2} + \cdots = D_0 + \epsilon D_1 + \epsilon^2 D_2 + \cdots ,
$$

这里微分算子 $D_i = \dfrac{\partial}{\partial T_i}, i = 0, 1, 2, \cdots$.

定义

$$
\begin{aligned}
&X_j = (x_{pj}, y_{pj}, p_{Lj})^{\mathrm{T}} = X_j(T_0, T_1, T_2, \cdots), \\
&X_{j,\tau_c} = (x_{pj,\tau_c}, y_{pj,\tau_c}, p_{Lj,\tau_c})^{\mathrm{T}} = X_j(T_0 - \tau_c, T_1, T_2, \cdots), \quad j = 1, 2, \cdots ,
\end{aligned}
$$

由式 (4-27) 可得

$$
\dot{X}(t) = \epsilon D_0 X_1 + \epsilon^2 D_1 X_1 + \epsilon^3 D_2 X_1 + \epsilon^2 D_0 X_2 + \epsilon^3 D_1 X_2 + \epsilon^3 D_0 X_3 + \cdots . \tag{4-28}
$$

考虑系统 (4-25) 的扰动参数: $C_{tp} = C_{tpc} + \epsilon\mu_1$ 和 $\tau = \tau_c + \epsilon\mu_2$. 对于时滞项, 将 $X_j(t-\tau)(j = 1, 2, 3, \cdots)$ 在 X_{j,τ_c} 处展开, 则有

$$
\begin{aligned}
p_L(t-\tau) = {} & \epsilon p_{L1,\tau_c} + \epsilon^2 p_{L2,\tau_c} + \epsilon^3 p_{L3,\tau_c} - \epsilon^2 \mu_1 D_0 p_{L1,\tau_c} - \epsilon^3 \mu_1 D_0 p_{L2,\tau_c} \\
& - \epsilon^2 \tau_c D_1 p_{L1,\tau_c} - \epsilon^3 \mu_1 D_1 p_{L1,\tau_c} - \epsilon^3 \tau_c D_2 p_{L1,\tau_c} \\
& - \epsilon^3 \tau_c D_1 p_{L2,\tau_c} + \cdots ,
\end{aligned}
\tag{4-29}
$$

其中, $p_{Lj,\tau_c} = p_{Lj}(T_0 - \tau_c, T_1, T_2, \cdots), j = 1, 2, \cdots$.

将多时间尺度形式的解 (4-27)—(4-29) 代入系统 (4-25) 中, 平衡 $\epsilon^j (j = 1, 2, 3,$

$\cdots$) 项的系数, 得到一系列的线性微分方程. 首先, 对于 ϵ^1 阶项, 我们有

$$\begin{cases} D_0x_{p1}-y_{p1}=0, \\ D_0y_{p1}-\dfrac{1}{m_t}(A_pp_{L1}-B_py_{P1})=0, \\ D_0p_{L1}+\dfrac{4\beta_e}{v_t}(K_cp_{L1}+A_py_{p1}+C_{tpc}p_{L1,\tau_c})=0. \end{cases} \tag{4-30}$$

由于 $\pm\mathrm{i}\omega$ 和 0 为系统 (4-25) 的线性部分的特征值, 从而方程 (4-30) 的解可以表示为如下形式:

$$\begin{aligned} X_1(T_1,T_2,\cdots)=&G_1(T_1,T_2,\cdots)e^{\mathrm{i}\omega T_0}h_1+\overline{G}_1(T_1,T_2,\cdots)e^{-\mathrm{i}\omega T_0}\overline{h}_1 \\ &+G_2(T_1,T_2,\cdots)h_2, \end{aligned} \tag{4-31}$$

其中, h_1 和 h_2 由式 (4-26) 给出.

接下来, 对于 ϵ^2 阶项, 我们有

$$\begin{cases} D_0x_{p2}-y_{p2}=-D_1x_{p1}, \\ D_0y_{p2}-\dfrac{1}{m_t}(A_pp_{L2}-B_py_{p2})=-D_1y_{p1}-\dfrac{k_0}{m_t}x_{p1}^2, \\ D_0p_{L2}+\dfrac{4\beta_e}{v_t}(K_cp_{L2}+A_py_{p2}+C_{tpc}p_{L2,\tau_c}) \\ =-D_1p_{L1}+\dfrac{4\beta_e}{v_t}(C_{tpc}\mu_1D_0p_{L1,\tau_c}+C_{tpc}\tau_cD_1p_{L1,\tau_c}-\mu_2p_{L1,\tau_c}). \end{cases} \tag{4-32}$$

非齐次方程 (4-32) 有解的充分必要条件是可解条件成立 [25], 即: 非齐次方程 (4-32) 的右端表达式与伴随齐次问题的所有解正交. 将解 (4-31) 代入式 (4-32) 右端, 得到 $e^{\mathrm{i}\omega T_0}$ 项的系数, 记为 m_1, 常数项记为 m_2. 事实上, 找到可解条件等价于消除正则项, 即: 令 $\langle h_1^*,m_1\rangle=0$ 和 $\langle h_2^*,m_2\rangle=0$, 这里, $h_j^*(j=1,2)$ 由式 (4-26) 给出. 从而可求解 $\dfrac{\partial G_1}{\partial T_1}$ 和 $\dfrac{\partial G_2}{\partial T_1}$:

$$\begin{cases} \dfrac{\partial G_1}{\partial T_1}=\dfrac{1}{L_1}\left[\dfrac{-8k_0\beta_eA_p}{m_tv_t}G_1G_2+\left(\mathrm{i}\omega+\dfrac{B_p}{m_t}\right)^2\dfrac{4\beta_em_t}{v_tA_p}e^{-\mathrm{i}\omega\tau_c}\omega(C_{tpc}\mu_1\omega+\mu_2\mathrm{i})G_1\right], \\ \dfrac{\partial G_2}{\partial T_1}=-\dfrac{(K_c+C_{tpc})K_0(G_2^2+2G_1\overline{G}_1)}{A_p^2+B_p(K_c+C_{tpc})}, \end{cases} \tag{4-33}$$

这里, $L_1 = \mathrm{i}\omega\dfrac{4\beta_e A_p}{v_t} + \left(\mathrm{i}\omega + \dfrac{B_p}{m_t}\right)^2 \dfrac{m_t}{A_p}\left(\dfrac{4\beta_e}{v_t}C_{tpc}\tau_c\mathrm{i}\omega e^{-\mathrm{i}\omega\tau_c} - \mathrm{i}\omega\right)$.

从而由式 (4-32) 可得特解 $X_2(t)$:

$$\begin{cases} x_{p2} = a_1 e^{\mathrm{i}\omega T_0} + b_1 e^{2\mathrm{i}\omega T_0} + c.c. + c_1, \\ y_{p2} = a_2 e^{\mathrm{i}\omega T_0} + b_2 e^{2\mathrm{i}\omega T_0} + c.c. + c_2, \\ p_{L2} = a_3 e^{\mathrm{i}\omega T_0} + b_3 e^{2\mathrm{i}\omega T_0} + c.c. + c_3, \end{cases} \tag{4-34}$$

其中, $c.c.$ 指代之前项的复共轭形式,

$$\begin{cases} a_1 = \dfrac{1}{\mathrm{i}\omega}\left(a_2 - \dfrac{\partial G_1}{\partial T_1}\right), \\ a_2 = \dfrac{A_p L v_t - \left(\mathrm{i}\omega m_t \dfrac{\partial G_1}{\partial T_1} + 2K_0 G_1 G_2\right)(\mathrm{i}\omega v_t + 4\beta_e K_c + 4\beta_e C_{tpc} e^{-\mathrm{i}\omega\tau_c})}{(\mathrm{i}\omega m_t + B_p)(\mathrm{i}\omega v_t + 4\beta_e K_c + 4\beta_e C_{tpc} e^{-\mathrm{i}\omega\tau_c}) + 4\beta_e A_p^2}, \\ a_3 = \dfrac{(\mathrm{i}\omega m_t + B_p) L v_t + 4\beta_e A_p \left(\mathrm{i}\omega m_t \dfrac{\partial G_1}{\partial T_1} + 2K_0 G_1 G_2\right)}{(\mathrm{i}\omega m_t + B_p)(\mathrm{i}\omega v_t + 4\beta_e K_c + 4\beta_e C_{tpc} e^{-\mathrm{i}\omega\tau_c}) + 4\beta_e A_p^2}, \\ L = -\mathrm{i}\omega\left(\mathrm{i}\omega + \dfrac{B_p}{m_t}\right)\dfrac{m_t}{A_p}\dfrac{\partial G_1}{\partial T_1} \\ \qquad + \dfrac{4\beta_e e^{-\mathrm{i}\omega\tau_c} m_t \left(\mathrm{i}\omega + \dfrac{B_p}{m_t}\right)}{A_p v_t}\left(C_{tpc}\tau_c \mathrm{i}\omega \dfrac{\partial G_1}{\partial T_1} - C_{tpc}\mu_1\omega^2 G_1 - \mu_2 \mathrm{i}\omega G_1\right), \\ b_1 = \dfrac{b_2}{2\mathrm{i}\omega}, \\ b_2 = -\dfrac{K_0 G_1^2 (\mathrm{i}\omega v_t + 2\beta_e K_c + 2\beta_e C_{tpc} e^{-2\mathrm{i}\omega\tau_c})}{(2\mathrm{i}\omega m_t + B_p)(\mathrm{i}\omega v_t + 2\beta_e K_c + 2\beta_e C_{tpc} e^{-2\mathrm{i}\omega\tau_c}) + 2\beta_e A_p^2}, \\ b_3 = \dfrac{2\beta_e A_p K_0 G_1^2}{(2\mathrm{i}\omega m_t + B_p)(\mathrm{i}\omega v_t + 2\beta_e K_c + 2\beta_e C_{tpc} e^{-2\mathrm{i}\omega\tau_c}) + 2\beta_e A_p^2}, \\ c_1 = 0, \\ c_2 = \dfrac{\partial G_2}{\partial T_1}, \\ c_3 = -\dfrac{A_p c_2}{K_c + C_{tpc}}. \end{cases} \tag{4-35}$$

接下来, 对于 ϵ^3 阶项, 有

$$
\left\{\begin{aligned}
& D_0x_{p3}-y_{p3}=-D_2x_{p1}-D_1x_{p2},\\
& D_0y_{p3}-\frac{1}{m_t}(A_pp_{L3}-B_py_{p3})=-D_2y_{p1}-D_1y_{p2}-\frac{2K_0}{m_t}x_{p1}x_{p2},\\
& D_0p_{L3}+\frac{4\beta_e}{v_t}(K_cp_{L3}+A_py_{p3}+C_{tpc}p_{L3,\tau_c})\\
=& -D_2p_{L1}-D_1p_{L2}+\frac{4\beta_e}{v_t}(C_{tpc}\mu_1D_0p_{L2,\tau_c}+C_{tpc}\mu_1D_1p_{L1,\tau_c}+C_{tpc}\tau_cD_2p_{L1,\tau_c}\\
& +C_{tpc}\tau_cD_1p_{L2,\tau_c}-\mu_2p_{L2,\tau_c}+\mu_1\mu_2D_0p_{L1,\tau_c}+\mu_2\tau_cD_1p_{L1,\tau_c}).
\end{aligned}\right. \tag{4-36}
$$

将解 (4-29), 解 (4-31), 式 (4-33) 和解 (4-34) 代入方程 (4-36) 的右端表达式中, 利用可解条件可得 $\dfrac{\partial G_1}{\partial T_2}$ 和 $\dfrac{\partial G_2}{\partial T_2}$ 的表达式, 即

$$
\left\{\begin{aligned}
\frac{\partial G_1}{\partial T_2}=&\left[\frac{4\beta_eA_p\mathrm{i}\omega}{v_t}-\left(\mathrm{i}\omega+\frac{B_p}{m_t}\right)^2\frac{m_t}{A_p}\mathrm{i}\omega+\left(\mathrm{i}\omega+\frac{B_p}{m_t}\right)^2\frac{4\beta_em_t}{A_pv_t}C_{tpc}\tau_c\mathrm{i}\omega e^{-\mathrm{i}\omega\tau_c}\right]^{-1}\\
&\times\left\{-\frac{4\beta_eA_p}{v_t}\left[\frac{\partial a_2}{\partial T_1}+\frac{2K_0}{m_t}(a_1G_2+\overline{G}_1b_1+G_1c_1)\right]+\left(\mathrm{i}\omega+\frac{B_p}{m_t}\right)\frac{\partial a_3}{\partial T_1}\right.\\
&-\left(\mathrm{i}\omega+\frac{B_p}{m_t}\right)\frac{4\beta_e}{v_t}\left[C_{tpc}\mu_1a_3\mathrm{i}\omega e^{-\mathrm{i}\omega\tau_c}+C_{tpc}\mu_1\mathrm{i}\omega\left(\mathrm{i}\omega+\frac{B_p}{m_t}\right)\frac{m_t}{A_p}e^{-\mathrm{i}\omega\tau_c}\frac{\partial G_1}{\partial T_1}\right.\\
&-\mu_2\mu_1\omega^2\left(\mathrm{i}\omega+\frac{B_p}{m_t}\right)\frac{m_t}{A_p}G_1e^{-\mathrm{i}\omega\tau_c}+\mu_2\tau_c\mathrm{i}\omega\left(\mathrm{i}\omega+\frac{B_p}{m_t}\right)\frac{m_t}{A_p}e^{-\mathrm{i}\omega\tau_c}\frac{\partial G_1}{\partial T_1}\\
&\left.\left.+C_{tpc}\tau_c\frac{\partial a_3}{\partial T_1}e^{-\mathrm{i}\omega\tau_c}-\mu_2a_3e^{-\mathrm{i}\omega\tau_c}\right]\right\},\\
\frac{\partial G_2}{\partial T_2}=&\frac{m_tv_t}{A_p^2+B_p(K_c+C_{tpc})}\left[\frac{K_c+C_{tpc}}{v_t}\left(\frac{2K_0}{m_t}G_2c_1-\frac{\partial^2G_2}{\partial T_1^2}-\frac{2K_0}{m_t}\overline{G}_1a_1\right.\right.\\
&\left.\left.-\frac{2K_0}{m_t}G_1\overline{a}_1\right)+\frac{A_p}{4\beta_em_t}\left(\frac{4\beta_e}{v_t}C_{tpc}\tau_c\frac{\partial c_3}{\partial T_1}-\frac{\partial c_3}{\partial T_1}-\frac{4\beta_e}{v_t}\mu_2c_3\right)\right].
\end{aligned}\right. \tag{4-37}
$$

从而推导出如下 Hopf-zero 分支的规范型:

$$
\begin{cases}
\dot{G}_1 = \epsilon \dfrac{\partial G_1}{\partial T_1} + \epsilon^2 \dfrac{\partial G_1}{\partial T_2} + \cdots, \\
\dot{G}_2 = \epsilon \dfrac{\partial G_2}{\partial T_1} + \epsilon^2 \dfrac{\partial G_2}{\partial T_2} + \cdots.
\end{cases}
\tag{4-38}
$$

注意到 $\dfrac{\partial G_1}{\partial T_j}$ 和 $\dfrac{\partial G_2}{\partial T_j}$ 是关于 G_1 和 G_2 的 $j+1$ 阶线性齐次多项式, 利用后向尺度变换 $\epsilon \to 1/\epsilon$, 上述方程 (4-38) 变为

$$
\begin{cases}
\dot{G}_1 = \dfrac{\partial G_1}{\partial T_1} + \dfrac{\partial G_1}{\partial T_2} + \cdots, \\
\dot{G}_2 = \dfrac{\partial G_2}{\partial T_1} + \dfrac{\partial G_2}{\partial T_2} + \cdots,
\end{cases}
\tag{4-39}
$$

上式即为由多时间尺度方法推导出的 Hopf-zero 分支的规范型, 这里, $\dfrac{\partial G_k}{\partial T_1}$, $\dfrac{\partial G_k}{\partial T_1}$ $(k=1,2)$ 分别由表达式 (4-33) 和式 (4-37) 给出.

4.5 实例分析

这一节, 选择具有实际意义的两组参数值, 并给出相关的稳定性分析及分支分析.

实例 1

令

$$
\begin{aligned}
& A_p = 0.1256\text{m}^2, \quad x_v = 0.01\text{m}, \quad K_c = 1.25\times10^{-4}\text{m}^5/(\text{N}\cdot\text{s}), \\
& K_q = 7.4\times10^{-4}\text{m}^2/\text{s}, \quad C_{tp} = 5\times10^{-16}\text{m}^5/(\text{N}\cdot\text{s}), \quad m_t = 1500\text{kg}, \\
& K = 1.25\times10^{9}(\text{N}\cdot\text{s})/\text{rad}, \quad K_0 = 10^9\text{N}/\text{m}^2, \quad F_c = 2\times10^6\text{N}, \\
& B_p = 2.25\times10^{6}(\text{m}\cdot\text{N}\cdot\text{s})/\text{rad}, \quad \beta_e = 7\times10^8\text{N}/\text{m}^2, \quad v_t = 3.768\times10^{-3}\text{m}^3,
\end{aligned}
$$

显然, $K^2 - 4K_0\left(F_c - \dfrac{A_pK_qx_v}{K_c+C_{tp}}\right) = 1.5545\times10^{18} > 0$. 由方程 (4-6) 可知, 系统 (4-5) 有两个平衡点:

$$
\begin{aligned}
(x_{p1}^*, 0, p_L^*) &= (-1.2484, 0, 0.0592), \\
(x_{p2}^*, 0, p_L^*) &= (-0.0016, 0, 0.0592),
\end{aligned}
$$

注意到对于平衡点 $(x_{p2}^*, 0, p_L^*) = (-0.0016, 0, 0.0592)$, 有

$$
\begin{aligned}
&M_2 + N_2 = 9.2889 \times 10^7 > 0, \\
&M_0 + N_0 = 7.7208 \times 10^{13}, \\
&(M_2 + N_2)(M_1 + N_1) - M_0 - N_0 = 1.2943 \times 10^{19} > 0,
\end{aligned}
$$

因此当 $\tau = 0$ 时, 系统 (4-5) 的平衡点 $(x_{p2}^*, 0, p_L^*)$ 局部渐近稳定 (见图 4.3).

$$
\begin{aligned}
&\Delta_1 = 7.4444 \times 10^{31} > 0, \\
&M_0^2 - N_0^2 > 0, \\
&z_2^* = -6 \times 10^6 < 0,
\end{aligned}
$$

即假设 (H4) 成立, 则方程 (4-14) 没有正实根. 事实上, 计算可得, 方程 (8-14) 变为

$$
F_1(z) = z^3 + 8.6281 \times 10^{15} z^2 + 3.3759 \times 10^{22} z + 5.9610 \times 10^{27} = 0,
$$

方程 (4-14) 的三个根为

$$
z_{1,2} = -2.9393 \times 10^5 \pm 7.7749 \times 10^5 \mathrm{i}, \quad z_3 = -8.628082713 \times 10^{15},
$$

方程 (4-14) 的三个根具有负实部. 由定理 4.1(2)(d) 知, 当 $\tau \geqslant 0$ 时, 系统 (4-5) 的平衡点 $(x_{p2}^*, 0, p_L^*)$ 是局部渐近稳定. 对于平衡点 $(x_{p1}^*, 0, p_L^*) = (-1.2484, 0, 0.0592)$, 有

$$
\begin{aligned}
&M_2 + N_2 = 9.2889 \times 10^7 > 0, \\
&M_0 + N_0 = -7.7208 \times 10^{13}, \\
&(M_2 + N_2)(M_1 + N_1) - M_0 - N_0 = 1.2943 \times 10^{19} > 0.
\end{aligned}
$$

从而可知, 当 $\tau = 0$ 时, 系统 (4-5) 的平衡点 $(x_{p1}^*, 0, p_L^*)$ 不稳定.

$$
\Delta_1 = 7.4444 \times 10^{31} > 0, \quad M_0^2 - N_0^2 > 0, \quad z_2^* = -6 \times 10^6 < 0,
$$

即假设 (H4) 成立, 从而可知方程 (4-14) 没有正实根. 因此, 当 $\tau \geqslant 0$ 时, 系统 (4-5) 的平衡点不稳定.

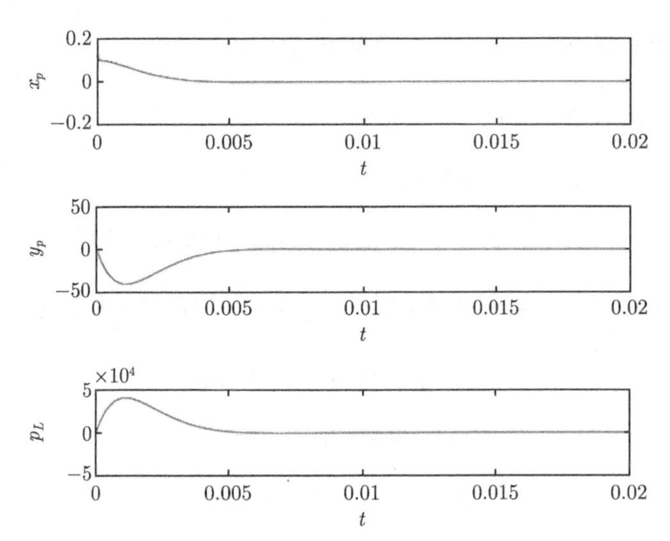

图 4.3　当 $\tau=0$ 时, 系统 (4-5) 的数值模拟解, 此时系统存在一个稳定的平衡点

注释 4.1　系统 (4-5) 是一个参数数量级差别较大的刚性系统, 当 $\tau=0$ 时, 系统 (4-5) 是常微分方程, 可以用 Matlab 中的 "ode15s" 命令模拟刚性常微分方程的数值解, (见图 4.3). 然而, 当 $\tau\neq 0$ 时, Matlab 中不存在模拟刚性时滞微分方程的命令, 因而, 当 $\tau\neq 0$ 时, 无法给出相应的数值模拟结果.

实例 2

令

$$
\begin{aligned}
&A_p=0.25\mathrm{m}^2,\quad x_v=0.3\mathrm{m},\quad K_c=5\times 10^{-11}\mathrm{m}^5/(\mathrm{N}\cdot\mathrm{s}),\\
&K_q=2\times 10^{-3}\mathrm{m}^2/\mathrm{s},\quad C_{tp}=1.5\times 10^{-10}\mathrm{m}^5/(\mathrm{N}\cdot\mathrm{s}),\quad m_t=1500\mathrm{kg},\\
&K=10^7(\mathrm{N}\cdot\mathrm{s})/\mathrm{rad},\quad K_0=10^8\mathrm{N}/\mathrm{m}^2,\quad F_c=10^6\mathrm{N},\\
&B_p=10^9(\mathrm{m}\cdot\mathrm{N}\cdot\mathrm{s})/\mathrm{rad},\quad \beta_e=10^6\mathrm{N}/\mathrm{m}^2,\quad v_t=4\times 10^{-3}\mathrm{m}^3,
\end{aligned}
$$

显然有 $K^2-4K_0\left(F_c-\dfrac{A_pK_qx_v}{K_c+C_{tp}}\right)=0$. 由式 (4-7) 可知, 系统 (4-5) 只有一个平衡点 $(x_p^*,0,p_L^*)=(-0.05,0,3\times 10^6)$. 注意到 $M_1^2-N_1^2=-4.3750\times 10^9<0$, 即假设 (H5) 成立, 则方程 (4-21) 有一个正实根 z, 故 $\omega=\sqrt{z}=0.0992$. 由式 (4-22)—(4-24) 计算可知

$$
\begin{aligned}
&\tau_1^{(0)}=24.3798,\\
&\tau_1^{(1)}=87.7083,
\end{aligned}
$$

$$\text{Sign}\left[\text{Re}\left(\frac{\mathrm{d}\lambda}{\mathrm{d}\tau_k^{(j)}}\right)^{-1}\right] = \text{Sign}[F'(z_1)] > 0,$$

将这些表达式代入式 (4-39) 中, 令 $G_1 = re^{\mathrm{i}\theta}$ 和 $G_2 = z$, 则有柱坐标 (r, z, θ) 下、对于 $r \geqslant 0$ 的 Hopf-zero 分岔的规范型. 注意到 $\dot{r}$ 和 $\dot{z}$ 的方程与转角 θ 无关, 关于 θ 的方程描述了当 $|z|$ 足够小时, 系统的解绕 z 轴的旋转角速度近似为常数 $\dot{\theta} \approx \omega$. 因而, 只需考虑如下 $(r, z), r \geqslant 0$ 的半平面系统:

$$\begin{cases} \dot{r} = 4.9568 \times 10^{-4}\mu_1 r + 2.2191 \times 10^8 \mu_2 r - 1.5346 \times 10^{-2} rz \\ \qquad -7.4391 \times 10^{-2}\mu_1 rz - 1.3136 \times 10^{10}\mu_2 rz + 8.1543 \times 10^{19}\mu_2^2 r \\ \qquad -3.1367 \times 10^{-3}\mu_1^2 r - 1.9848 rz^2 - 8.5563 r^3 + 1.2602 \times 10^9 \mu_1\mu_2 r, \\ \dot{z} = -0.1524 r^2 - 7.6190 \times 10^{-2} z^2 - 9.0703 \times 10^7 \mu_2 z^2 - 5.2094 \times 10^{10}\mu_2 r^2 \\ \qquad +1.5572\mu_1 r^2 + 15.5074 r^2 z - 3.6723 \times 10^{-2} z^3. \end{cases} \tag{4-40}$$

首先, 考虑系统 (4-40) 的截断到二阶的规范型:

$$\begin{cases} \dot{r} = 4.9568 \times 10^{-4}\mu_1 r + 2.2191 \times 10^8 \mu_2 r - 1.5346 \times 10^{-2} rz, \\ \dot{z} = -0.1524 r^2 - 7.6190 \times 10^{-2} z^2, \end{cases} \tag{4-41}$$

显然, 方程 (4-41) 只有一个平衡点 $(r, z) = (0, 0)$, 由于在该平衡点附近 $\dot{z} < 0$, 所以该平衡点不稳定. 特别地, 当 $4.9568 \times 10^{-4}\mu_1 + 2.2191 \times 10^8 \mu_2 = 0$ 时, 系统 (4-41) 会经历复杂的余维四分支.

注释 4.2 注意到在原点附近截断到二阶的规范型 (4-41) 与系统 (4-5) 拓扑不等价, 因此需要考虑更高阶的规范型 (4-40). 然而, 由于参数的数量级差别较大, 所以不能省略诸如 $\mu_i^2 r$, $\mu_i^2 z$ 和 $\mu_1\mu_2 r (i = 1, 2)$ 这些关于参数的高阶项, 这里不能给出这组特定参数下的系统的数值模拟, 也很难给出分支临界点附近的关于规范型 (4-40) 的完整的分支分析, 只能给出一些特定参数下的简单的分析.

注意到 $E_0 = (r, z) = (0, 0)$ 对应原系统的平凡平衡点, 其他平衡点为

$$E_1 = (r, z) = (0, -2.074721564 - 2.469923481 \times 10^9 \mu_2),$$
$$E_2 = (r^*, z^*),$$

这里, $E_2 = (r^*, z^*)$ 是非平凡平衡点.

系统 (4-40) 在原点的特征方程为

$$\lambda(\lambda-4.9568\times10^{-4}\mu_1+2.2191\times10^{8}\mu_2+8.1543\times10^{19}\mu_2^2$$
$$-3.1367\times10^{-3}\mu_1^2+1.2602\times10^{9}\mu_1\mu_2)=0,$$

显然, E_0 可能经历静态分岔.

对于系统 (4-40), 定义

$$\varphi_1=\left.\frac{\mathrm{d}(\dot r)}{\mathrm{d}r}\right|_{E_1},\quad \varphi_2=\left.\frac{\mathrm{d}(\dot r)}{\mathrm{d}z}\right|_{E_1},\quad \varphi_3=\left.\frac{\mathrm{d}(\dot z)}{\mathrm{d}r}\right|_{E_1},\quad \varphi_4=\left.\frac{\mathrm{d}(\dot z)}{\mathrm{d}z}\right|_{E_1},$$

该符号表示将

$$E_1=(r,z)=(0,-2.074721564-2.469923481\times10^{9}\mu_2)$$

代入之前的表达式. 系统 (4-40) 在平衡点 E_1 处的特征方程为

$$\lambda^2-(\varphi_1+\varphi_4)\lambda+\varphi_1\varphi_4-\varphi_2\varphi_3=0,$$

显然, 当 $\varphi_1+\varphi_4<0$ 和 $\varphi_1\varphi_4-\varphi_2\varphi_3>0$ 成立时, 平衡点 E_1 局部渐近稳定; 当 $\varphi_1\varphi_4-\varphi_2\varphi_3=0$ 时, E_1 可能经历静态分岔; 当 $\varphi_1\varphi_4-\varphi_2\varphi_3>0$ 和 $\varphi_1+\varphi_4=0$ 成立时, E_1 可能经历 Hopf 分岔, 这里我们省略分析的细节, 对于平衡点 E_2 的稳定性及分岔存在性可以做类似分析.

第 5 章 非线性变频调压供水系统的建模及稳定性分析

5.1 研究背景

异步电动机中的流过转子内电流与电机的磁通相互作用产生转矩, 在额定频率和恒定电压下, 如果只降低频率, 那么就会发生磁通过大或者磁回路饱和的现象, 严重时甚至会烧毁电机. 因此, 为了避免弱磁和磁饱和现象, 即使电动机的磁通保持恒定, 改变频率的同时还需要调节变频器的输出电压, 即频率与电压成比例改变. 这种变频调压的控制方式一般多用于风机和泵类节能型变频器. 鼠笼式异步电机由变频器供电, 改变变频器的频率就可以方便地调节电机的转速. 安装在参考点的流量传感器实时地监测参考点处的流量, 流量调节器将流量值与反馈量的差值进行比较处理, 产生合适的控制信号, 去控制变频器的频率. 图 5.1 给出了调施胶流量控制系统的基本结构图.

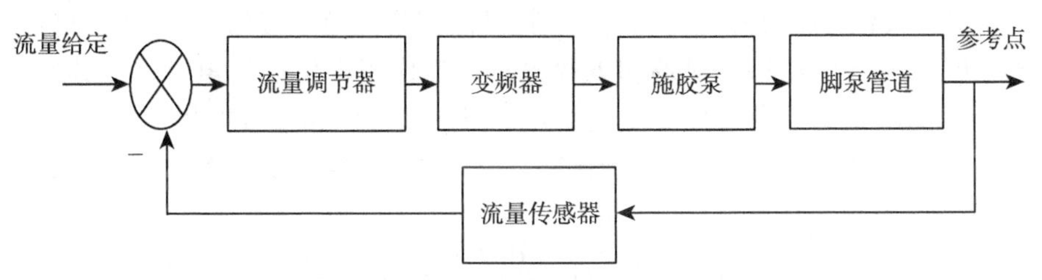

图 5.1 调施胶流量控制系统的基本结构

电液伺服系统工作原理如下: 通过伺服控制器改变交流伺服电动机的转速大小以及转速方向, 借助伺服电动机的转速改变定量泵的输出流量值和液压执行结元件的输出值和输出方向, 最终实现速度控制或者位移控制. 变压调频技术 (Variable Voltage Variable Frequency, 简称 VVVF 技术) 通过改变泵的转速来控制流量的输送量, 最终达到调节执行元件速度的目的. 一方面, 该种调速方法主要是电机根据负载的需要来调节其输出功率, 因而系统具有高效节能等优势. 另一方面, 可以通过简化系统的液压回路来减少能量的损失, 通过选用价格低廉、性能可靠的定量泵, 降低系统生产成本. 随着微电子技术的不断发展, 变压调频技术逐渐引起了学者们的关注, 该技术也逐渐被应用于液压领域.

在刨花板施胶过程中, 根据刨花流量来调节胶液流量, 这中间存在着一个时间滞后问题, 即胶液流量计接到信号后通过改变输胶泵转速来调节所需流量要有一段时间延迟, 虽然在皮带称前增加了刨花的体积计量以保证通过的刨花重量趋于稳定, 但刨花的形态、堆积容重 (密实度) 对所测刨花重量仍有影响, 这是尚需进一步研究解决的问题. 由于管道的长度, 液体输送过程必然存在时间延迟, 另外负载压力、负载功率对变频调压供水系统角速度的影响也是非线性的. 学者们为了分析简单, 便对上述非线性系统进行线性化处理, 并且忽略时间延迟、耦合等重要影响因素, 从而只考虑简单的线性常微分方程模型, 但该模型过于简化, 不能准确客观的描述实际问题.

这一章, 我们给出改进的具时滞非线性变频调压供水系统. 利用局部稳定性理论分析该系统几类分岔现象的存在性. 例如, 该系统会存在鞍-结分岔、Hopf 分岔、Bogdanov-Takens 分岔和倍周期分岔通向混沌现象, 这些现象使得变频调压供水系统具有更为复杂的动力学现象. 应用多时间尺度方法和中心流形约化方法分别推导 Hopf 分岔和 Bogdanov-Takens 分岔临界点附近的规范型, 并给出局部动力学性质分类, 最后通过数值模拟, 验证理论分析的结果.

5.2 数学建模

电动机作为一种机电控制元件, 最终完成的是电能向机械能的转换, 因此其数学模型应该包括机械和电气两部分, 其机械部分的模型应为电动机输出转矩的平衡方程. 异步电动机中磁场和电枢电流相互作用产生的转矩 T_e 会引起角速度 ω 的变化, 变化方向与轴上的负载转矩 T_L 的方向相反. 如果运动是旋转的, 这通常是电驱动的情况. 在速度变化的动态条件下, 得到了如下电气传动运动方程[104,105]:

$$T_e(\omega,t)-T_L(\omega,t)=\frac{\mathrm{d}(J\omega)}{\mathrm{d}t}=J\frac{\mathrm{d}\omega}{\mathrm{d}t}+\omega\frac{\mathrm{d}J}{\mathrm{d}t}$$

这里 T_e 是驱动转矩, T_L 是负载转矩, ω 是角速度, J 是旋转物体绕旋转轴的转动惯量, $J\omega$ 是角动量, $\omega\dfrac{\mathrm{d}J}{\mathrm{d}t}$ 这一项对于可变惯性传动装置 (如离心机或卷取机) 有重要意义, 负载的几何结构取决于速度或时间, 或者几何结构变化的工业机器. 然而, 在大多数情况下, 惯性可以假定为常数, 因此, 我们有

$$T_e(\omega,t)-T_L(\omega,t)=J\frac{\mathrm{d}\omega}{\mathrm{d}t}$$

这里需要注意的是, T_e 是内部转矩或者电机转矩, 它与电机轴上的可用扭矩不同. 内转矩和轴转矩之差是加速电机自身惯性和克服电机内摩擦转矩所需的转矩.

当泵转速一定时, 液压压力随流量的减小而增大, 随流量的增大而减小. 与恒压或恒速供水系统相比, 变压供水系统可节省水泵扬程. 对于泵类负载, 当电源电压与频率之比为常数时, 转矩 T_e 和负载转矩 T_L 的线性化表达式如下:

$$\begin{cases} T_e = pK_0\omega_0 - (D + pk_0)\omega, \\ T_L = pm, \end{cases}$$

这里 ω_0 是定子的电源频率的偏差 (Hz); $D > 0$ 是摩擦系数 (无量纲); m 是负载转矩的偏差 $(\mathrm{N \cdot m})$;$K_0 = \dfrac{p}{r_2}\left(\dfrac{V_{10}}{\omega_{10}}\right)^2$, 这里 V_{10} 和 ω_{10} 分别是定子电源电压在静态工作点上电压 (V) 和频率 (Hz); $p > 0$ 是极对数 (无量纲); $r_2 > 0$ 是转换到定子侧的转子电阻 (Ω).

当鼠笼式电机的供电电源的电压与频率之比始终不变时, 推导出工程上简单的变频调压供水系统数学模型, 其小偏差线性化模型为 [5]

$$J\dot{\omega} = -(D + pK_0)\omega + pK_0\omega_0 - pm, \tag{5-1}$$

这里,

ω_0 和 ω 分别为定子电源频率和转子电气角速度的偏差;

$D > 0$ 为摩擦系数;

m 为负载转矩的偏差;

$J > 0$ 为转动惯量;

$K_0 = \dfrac{p}{r_2}\left(\dfrac{V_{10}}{\omega_{10}}\right)^2$, 其中, V_{10} 和 ω_{10} 分别为定子电源的电压和频率在静态工作点上的值;

$p > 0$ 为极对数;

$r_2 > 0$ 为折算到定子侧的转子电阻.

刘德胜 [42] 研究了转矩与转速呈线性关系, 即 $m = K_m\omega$ 时的系统, 从而系统 (5-1) 改写为如下线性系统:

$$\dot{\omega} = \frac{1}{J}[-(D + pK_0 + pK_m)\omega + pK_0\omega_0]. \tag{5-2}$$

定理 5.1 当 $D + pK_0 + pK_m \neq 0$ 时, 系统 (5-2) 有唯一平衡点: $E_* = \dfrac{pK_0\omega_0}{D + pK_0 + pK_m}$. 注意到 $J > 0$, 则有如下结论:

(1) 当 $D + pK_0 + pK_m > 0$ 时, 平衡点 E_* 局部渐近稳定;

(2) 当 $D + pK_0 + pK_m < 0$ 时, 平衡点 E_* 不稳定;

(3) 当 $D+pK_0+pK_m=0$ 时, 系统 (5-2) 不稳定.

忽略驱动转矩和负载转矩对旋转角度的依赖性, 于是相应的相互作用消失, 对驱动静态和瞬态行为的影响也消失. 如果忽略电暂态和负载的动态特性, 剩下的机械系统可以用一阶非线性微分方程来描述. 当机器在稳定条件下运行时, 施加在电机上的电压变化或负载条件变化将导致转速变化. 然而, 异步电机是一个多变量、强耦合、非线性的被控对象. 我们还考虑了电机和负载的内部瞬态和相互作用. 实际上, 由于风阻的影响、载荷的变化、载荷的切换以及液体粘度的变化, 角速度的变化率是与角速度相关联的非线性函数. 在这里, 角速度越大, 阻力的变化越大, 电机的角速度和齿轮泵的角速度都对负载产生影响.

在泵类负载中, 泵的流量与其转速有关. 根据泵负载的转矩特性, 我们有如下事实: 液体在一定速度范围内的阻力大致与速度的平方成正比 [106]. 随着转速的降低, 转矩随着转速的二次幂而减小, 即 "二次递减负载转矩", $m=K_m\omega^2$, 而且胶液在管道输送过程中存在时滞, 控制流量本质上就是控制电机的转速, 转矩和功率都会影响转速的变化. 也就是说, 转矩与角速度的平方成正比, 我们把上述效应看作一个非线性的延迟函数, 用形如 $a\omega(t-\tau)+b\omega^2(t-\tau)$ 二次多项式近似表示, 因此, 我们得到刨花板施胶的胶流控制系统的改进模型如下:

$$\dot{\omega}=\frac{1}{J}[-(D+pK_0)\omega+pK_0\omega_0-pK_m\omega^2+a\omega(t-\tau)+b\omega^2(t-\tau)], \tag{5-3}$$

其中, a 和 b 为反馈强度, τ 为胶液在管道运输的时间.

5.3 平衡点的稳定性及分岔存在性

考虑系统 (5-3), 首先确定系统的平衡点. 当 $\Delta:=(a-D-pK_0)^2-4pK_0\omega_0(b-pK_m)>0$ 时, 系统 (5-3) 有如下两个平衡点:

$$E_1=\frac{D+pK_0-a+\sqrt{\Delta}}{2(b-pK_m)},\quad E_2=\frac{D+pK_0-a-\sqrt{\Delta}}{2(b-pK_m)}. \tag{5-4}$$

将平衡点平移到原点, 即: 令 $\hat{\omega}=\omega-E_k$, $k=1,2$, 去掉上标, 得到如下方程:

$$\begin{aligned}\dot{\omega}=&\frac{1}{J}[-(D+pK_0+2pK_mE_k)\omega-pK_m\omega^2\\&+a\omega(t-\tau)+2bE_k\omega(t-\tau)+b\omega^2(t-\tau)],\quad k=1,2,\end{aligned} \tag{5-5}$$

系统 (5-5) 的平凡平衡点为 $\omega=0$.

方程 (5-5) 在原点处的线性化系统的特征方程如下:

$$\Gamma(\lambda,\tau)=\lambda-A_k-B_ke^{-\lambda\tau}=0,\quad k=1,2, \tag{5-6}$$

其中, $A_k=-\dfrac{1}{J}(D+pK_0+2pK_mE_k)$, $B_k=\dfrac{1}{J}(a+2bE_k), k=1,2.$

当 $\tau=0$ 时, 方程 (5-6) 为

$$\lambda-A_k-B_k=0,\quad k=1,2.$$

注意到 $J>0$, 则对于平衡点 E_1 有 $A_1+B_1=\dfrac{1}{J}\sqrt{\Delta}>0$, 对于平衡点 E_2 则有 $A_2+B_2=-\dfrac{1}{J}\sqrt{\Delta}<0$. 从而得到如下引理.

引理 5.1 当 $\Delta:=(a-D-pK_0)^2-4pK_0\omega_0(b-pK_m)>0$ 时, 系统 (5-3) 有两个平衡点: E_1 和 E_2. 当 $\tau=0$ 时, 平衡点 E_1 不稳定, 平衡点 E_2 局部渐近稳定.

情形 1 不动点分岔.

注意到当 $\Delta:=(a-D-pK_0)^2-4pK_0\omega_0(b-pK_m)=0$ 时, 系统 (5-3) 有唯一平衡点 $E_0=\dfrac{-a+D+pK_0}{2(b-pK_m)}$, 则系统 (5-6) 可写为

$$\Gamma(\lambda,\tau)=\lambda-A-Be^{-\lambda\tau}=0, \tag{5-7}$$

这里, $A=-\dfrac{1}{J}(D+pK_0+2pK_mE_0)$, $B=\dfrac{1}{J}(a+2bE_0)$, 显然有 $A+B=0$. 注意到当 $A+B=0$ 时, 特征方程 (5-7) 总有一个零根 $\lambda=0$. 显然, 在临界值 ($\Delta=0$ 或 $A+B=0$) 一侧, 系统没有平衡点, 在临界值另一侧系统有两个稳定性相反的平衡点. 因此, 当 $\Delta:=(a-D-pK_0)^2-4pK_0\omega_0(b-pK_m)=0$ (或 $A+B=0$) 时, 系统 (5-3) 经历不动点 (鞍-结) 分岔.

情形 2 Hopf 分岔.

进而考虑局部 Hopf 分岔. 为了找到可能的由 Hopf 分岔产生的周期解, 令 $\lambda=\mathrm{i}\beta_k(\mathrm{i}^2=-1,\beta_k>0,k=1,2)$ 是方程 (5-6) 的根. 将该根 $\lambda=\mathrm{i}\beta_k$ 代入方程 (5-6), 并分离实虚部得

$$\begin{cases}\cos(\beta_k\tau)=-\dfrac{A_k}{B_k},\\[2mm] \sin(\beta_k\tau)=-\dfrac{\beta_k}{B_k},\end{cases}\quad k=1,2. \tag{5-8}$$

将 (5-8) 的两个方程分别平方再相加, 则有

$$A_k^2+\beta_k^2=B_k^2,\quad k=1,2.$$

当 $|B_k| \leqslant |A_k|$ 时, 系统 (5-3) 不会经历 Hopf 分岔. 当 $|B_k| > |A_k|$ 时, 由式 (5-8) 可计算得到时滞 $\tau_k^{(j)}$:

$$\tau_k^{(j)} = \begin{cases} \dfrac{1}{\beta_k}\left[\arccos\left(-\dfrac{A_k}{B_k}\right) + 2j\pi\right], & B_k < 0, \\ \dfrac{1}{\beta_k}\left[2\pi - \arccos\left(-\dfrac{A_k}{B_k}\right) + 2j\pi\right], & B_k > 0, \end{cases} \tag{5-9}$$

其中 $\beta_k = \sqrt{B_k^2 - A_k^2}$, $k = 1,2; j = 0,1,2,\cdots$.

令 $\lambda(\tau) = \alpha(\tau) + \mathrm{i}\beta(\tau)$ 为方程 (5-6) 满足 $\alpha(\tau_k^{(j)}) = 0$, $\beta(\tau_k^{(j)}) = \beta_k(k = 1,2; j = 0,1,2,\cdots)$ 的根, 则有横截条件

$$\mathrm{Re}\left(\frac{\mathrm{d}\lambda}{\mathrm{d}\tau_k^{(j)}}\right)^{-1} = \frac{1}{B_k^2} > 0, \tag{5-10}$$

其中, $k = 1,2; j = 0,1,2,\cdots$. 注意到 $J > 0$, 结合引理 5.1, 则有如下定理.

定理 5.2 当 $\Delta := (a - D - pK_0)^2 - 4pK_0\omega_0(b - pK_m) > 0$ 时, 系统 (5-3) 有两个平衡点 E_1 和 E_2, 其中 $E_k(k = 1,2)$ 由式 (5-4) 给出. 注意到 $A_k = -\dfrac{1}{J}(D + pK_0 + 2pK_mE_k)$, $B_k = \dfrac{1}{J}(a + 2bE_k)$, 则有如下结论:

(1) 当 $|B_1| > |A_1|$ 时, 对于任意的 $\tau \geqslant 0$, 平衡点 E_1 总是不稳定的; 当 $\tau = \tau_1^{(j)}(j = 0,1,2,\cdots)$ 时, 系统 (5-3) 在平衡点 E_1 处经历 Hopf 分岔, 其中 $\tau_1^{(j)}$ 由式 (5-9) 给出, 该分支周期解总是不稳定的.

(2) 当 $|B_2| \leqslant |A_2|$ 时, 对于任意的 $\tau \geqslant 0$, 平衡点 E_2 局部渐近稳定.

(3) 当 $|B_2| > |A_2|$ 时, 系统 (5-3) 在平衡点 E_2 处对于 $\tau = \tau_2^{(j)}(j = 0,1,2,\cdots)$ 经历 Hopf 分岔, $\tau_2^{(j)}$ 由式 (5-9) 给出. 当 $\tau \in [0, \tau_2^{(0)})$ 时, 平衡点 E_2 局部渐近稳定; 当 $\tau > \tau_2^{(0)}$ 时, 平衡点 E_2 不稳定.

情形 3 Bogdanov-Takens 分岔.

结合上述分析, 有如下定理.

定理 5.3 假设 $\Delta := (a-D-pK_0)^2-4pK_0\omega_0(b-pK_m) = 0$ (或者 $A+B = 0$, 其中, $A = -\dfrac{1}{J}(D + pK_0 + 2pK_mE_0)$, $B = \dfrac{1}{J}(a + 2bE_0)$), 则系统 (5-3) 有唯一平衡点 $E_0 = \dfrac{-a + D + pK_0}{2(b - pK_m)}$.

(1) $\lambda = 0$ 是方程 (5-7) 的单根当且仅当 $B\tau + 1 \neq 0$, 除了一个单零根, 方程 (5-7) 的其他特征根都具有严格负实部, 系统 (5-3) 在平衡点 E_0 处经历鞍-结分支.

(2) $\lambda = 0$ 是方程 (5-7) 的二重根当且仅当 $B\tau + 1 = 0$, 除了这个二重零

根, 方程 (5-7) 的其他特征值都具有严格负实部, 系统 (5-3) 在平衡点 E_0 处经历 Bogdanov-Takens 分支.

(3) 方程 (5-7) 不具有纯虚根, 即系统 (5-3) 不会经历 Hopf 分岔或 Hopf-zero 分岔.

证明 当 $A+B=0$ 时, 由方程 (5-7) 存在零根可知 $\Gamma(0,\tau)=0$. 关于 λ 求导可得

$$\frac{\partial\Gamma(\lambda,\tau)}{\partial\lambda}=1+B\tau e^{-\lambda\tau}.$$

显然 $\dfrac{\partial\Gamma(0,\tau)}{\partial\lambda}=0$ 当且仅当 $1+B\tau=0$. 另外, 由于

$$\frac{\partial^2\Gamma(\lambda,\tau)}{\partial\lambda^2}=-B\tau^2e^{-\lambda\tau}\neq 0,$$

则方程 (5-7) 有二重零根, 系统 (5-3) 在平衡点处经历 Bogdanov-Takens 岔. 该定理证明完毕.

5.4 规范型和分岔分析

5.4.1 Hopf 分岔分析

当 $\tau=\tau_k^{(j)}(k=1,2;j=0,1,2,\cdots)$ 时, 这里, $\tau_k^{(j)}$ 由式 (5-9) 给出, 特征方程 (5-6) 有一对纯虚根 $\lambda=\pm\mathrm{i}\beta_k$. 将时滞 τ 作为分岔参数, 假设系统 (5-5) 在平凡平衡点处当 $\tau=\tau_c$ 时经历 Hopf 分岔.

接下来, 利用多时间尺度方法推导系统 (5-5)(或系统 (5-3)) 的关于 Hopf 分岔的直到三阶的规范型. 由时间多尺度方法, 系统 (5-5) 的解可假设为如下形式:

$$\omega(t)=\epsilon\omega_1+\epsilon^2\omega_2+\epsilon^3\omega_3+\cdots,\tag{5-11}$$

这里, $\omega_j=\omega_j(T_0,T_1,T_2,\cdots),j=1,2,3,\cdots,T_k=\epsilon^kt,k=0,1,2,\cdots$. 关于时间 t 的导数可写为

$$\frac{\mathrm{d}}{\mathrm{d}t}=\frac{\partial}{\partial T_0}+\epsilon\frac{\partial}{\partial T_1}+\epsilon^2\frac{\partial}{\partial T_2}+\cdots=D_0+\epsilon D_1+\epsilon^2D_2+\cdots,$$

其中微分算子

$$D_i=\frac{\partial}{\partial T_i},\quad i=0,1,2,\cdots.$$

在系统 (5-5) 中考虑扰动参数 $\tau=\tau_c+\epsilon\tau_\epsilon$, 时滞项

$$\omega_j(T_0-\tau_c-\epsilon\tau_\epsilon,T_1-\epsilon(\tau_c+\epsilon\tau_\epsilon),T_2-\epsilon^2(\tau_c+\epsilon\tau_\epsilon),\cdots)$$

在 $\omega_j(T_0-\tau_c,T_1,T_2,\cdots)(j=1,2,3,\cdots)$ 处的展式可写为

$$\begin{aligned}&\omega(t-\tau_c-\epsilon\tau_\epsilon,\epsilon(t-\tau_c-\epsilon\tau_\epsilon),\epsilon^2(t-\tau_c-\epsilon\tau_\epsilon),\cdots)\\&=\epsilon\omega_{1\tau_c}+\epsilon^2(\omega_{2\tau_c}-\tau_\epsilon D_0\omega_{1\tau_c}-\tau_c D_1\omega_{1\tau_c})\\&\quad+\epsilon^3(\omega_{3\tau_c}-\tau_\epsilon D_0\omega_{2\tau_c}-\tau_\epsilon D_1\omega_{1\tau_c}-\tau_c D_1\omega_{2\tau_c}-\tau_c D_2\omega_{1\tau_c})+\cdots,\end{aligned}\tag{5-12}$$

这里, $\omega_{j\tau_c}=\omega_j(T_0-\tau_c,T_1,T_2,\cdots),j=1,2,3,\cdots$.

将多时间尺度形式的解 (5-11) 和解 (5-12) 代入系统 (5-5) 中, 平衡 $\epsilon^j(j=1,2,3,\cdots)$ 项的系数, 得到一系列的线性微分方程. 首先, 对于 ϵ^1 阶项, 我们有

$$D_0\omega_1-A_k\omega_1-B_k\omega_{1\tau_c}=0,\quad k=1,2,\tag{5-13}$$

其中, $A_k=-\dfrac{D+pK_0+2pK_mE_k}{J}$, $B_k=\dfrac{a+2bE_k}{J}$. 由于 $\pm\mathrm{i}\beta_k$ 为特征方程 (5-6) 的特征值, 则方程 (5-13) 的解为如下形式:

$$\omega_1=Ge^{\mathrm{i}\beta_kT_0}+\overline{G}e^{-\mathrm{i}\beta_kT_0},\quad k=1,2,\tag{5-14}$$

这里, $G=G(T_1,T_2,\cdots),\overline{G}=\overline{G}(T_1,T_2,\cdots)$.

接下来, 对于 ϵ^2 阶项, 则有

$$\begin{aligned}&D_0\omega_2-A_k\omega_2-B_k\omega_{2\tau_c}\\&=-\frac{pK_m}{J}\omega_1^2+\frac{b}{J}\omega_{1\tau_c}^2-B_k(\tau_\epsilon D_0\omega_{1\tau_c}+\tau_c D_1\omega_{1\tau_c})-D_1\omega_1,\quad k=1,2.\end{aligned}\tag{5-15}$$

将解 (5-14) 代入式 (5-15) 中并化简, 得到如下方程:

$$\begin{aligned}&D_0\omega_2-A_k\omega_2-B_k\omega_{2\tau_c}\\&=\frac{be^{-2\mathrm{i}\beta_k\tau_c}-pK_m}{J}G^2e^{2\mathrm{i}\beta_kT_0}-B_k(\mathrm{i}\beta_k\tau_\epsilon e^{-\mathrm{i}\beta_k\tau_c}G+\tau_ce^{-\mathrm{i}\beta_k\tau_c}\frac{\partial G}{\partial T_1})e^{\mathrm{i}\beta_kT_0}\\&\quad-\frac{\partial G}{\partial T_1}\mathrm{e}^{\mathrm{i}\beta_kT_0}+c.c.+\frac{2(b-pK_m)}{J}G\overline{G},\quad k=1,2,\end{aligned}\tag{5-16}$$

其中, $c.c.$ 指代之前项的复共轭形式.

非齐次方程 (5-16) 有解的充分必要条件是可解条件成立, 即非齐次方程 (5-16) 的右端表达式与伴随齐次问题的所有解正交. 事实上, 找到可解条件就是削掉正则项, 方程 (5-16) 中 $e^{\mathrm{i}\beta_kT_0}$ 项的系数为零, 则有

$$\frac{\partial G}{\partial T_1}=f_k\tau_\epsilon G,\quad k=1,2,\tag{5-17}$$

这里, $f_k = -\dfrac{B_k \mathrm{i}\beta_k e^{-\mathrm{i}\beta_k\tau_c}}{1+B_k\tau_c e^{-\mathrm{i}\beta_k\tau_c}}$.

方程 (5-16) 变为

$$\begin{aligned}&D_0\omega_2 - A_k\omega_2 - B_k\omega_{2\tau_c}\\&=\frac{be^{-2\mathrm{i}\beta_k\tau_c}-pK_m}{J}G^2e^{2\mathrm{i}\beta_k T_0}+c.c.+\frac{2(b-pK_m)}{J}G\overline{G},\quad k=1,2,\end{aligned}\tag{5-18}$$

从而, 由方程 (5-18) 可得 $\omega_2(t)$ 的特解,

$$\omega_2 = H_0 + H_1 e^{2\mathrm{i}\beta_k T_0} + \overline{H}_1 e^{-2\mathrm{i}\beta_k T_0},\quad k=1,2,\tag{5-19}$$

这里,

$$\begin{aligned}H_0 &= H_0(T_1,T_2,\cdots) = h_0^{(k)}G\overline{G},\\ H_1 &= H_1(T_1,T_2,\cdots) = h_1^{(k)}G^2,\end{aligned}$$

其中,

$$\begin{aligned}h_0^{(k)} &= -\frac{2(b-pK_m)}{J(A_k+B_k)},\\ h_1^{(k)} &= \frac{b\mathrm{e}^{-2\mathrm{i}\beta_k\tau_c}-pK_m}{J(2\mathrm{i}\beta_k - A_k - B_k\mathrm{e}^{-2\mathrm{i}\beta_k\tau_c})},\quad k=1,2.\end{aligned}$$

接下来, 对于 ϵ^3 阶项, 有

$$\begin{aligned}&D_0\omega_3 - A_k\omega_3 - B_k\omega_{3\tau_c}\\&=-D_1\omega_2 - D_2\omega_1 - \frac{2pK_m\omega_1\omega_2}{J}+\frac{2b\omega_{1\tau_c}}{J}(\omega_{2\tau_c}-\tau_\epsilon D_0\omega_{1\tau_c}-\tau_c D_1\omega_{1\tau_c})\\&\quad - B_k(\tau_\epsilon D_0\omega_{2\tau_c}+\tau_\epsilon D_1\omega_{1\tau_c}+\tau_c D_1\omega_{2\tau_c}+\tau_c D_2\omega_{1\tau_c}).\end{aligned}\tag{5-20}$$

将解 (5-17) 和解 (5-19) 代入方程 (5-20) 的右端表达式中, 利用可解条件可得

$$\frac{\partial G}{\partial T_2} = g_0^{(k)}\tau_\epsilon^2 G + g_k G^2\overline{G},\quad k=1,2,\tag{5-21}$$

这里,

$$\begin{aligned}g_0^{(k)} &= -\frac{B_k e^{-\mathrm{i}\beta_k\tau_c}f_k}{1+B_k\tau_c e^{-\mathrm{i}\beta_k\tau_c}},\\ g_k &= -\frac{2(pK_m - be^{-\mathrm{i}\beta_k\tau_c})(h_0^{(k)}+h_1^{(k)})}{J(1+B_k\tau_c e^{-\mathrm{i}\beta_k\tau_c})},\end{aligned}$$

其中,

$$f_k = -\frac{B_k \mathrm{i}\beta_k e^{-\mathrm{i}\beta_k \tau_c}}{1 + B_k \tau_c e^{-\mathrm{i}\beta_k \tau_c}},$$

$$h_0^{(k)} = -\frac{2(b - pK_m)}{J(A_k + B_k)},$$

$$h_1^{(k)} = \frac{b e^{-2\mathrm{i}\beta_k \tau_c} - pK_m}{J(2\mathrm{i}\beta_k - A_k - B_k e^{-2\mathrm{i}\beta_k \tau_c})}.$$

上述过程可以进行到任意阶, 最后, 关于 $\dot{G}$ 的方程为

$$\dot{G} = \epsilon D_1 G + \epsilon^2 D_2 G + \cdots .$$

令 $\epsilon \to 1/\epsilon$, 则有

$$\dot{G} = D_1 G + D_2 G + \cdots ,$$

由式 (5-17) 和式 (5-21), 得到如下规范型:

$$\dot{G} = f_k \tau_\epsilon G + g_0^{(k)} \tau_\epsilon^2 G + g_k G^2 \overline{G}, \quad k = 1, 2.$$

注意到 $\tau_\epsilon^2 G$ 是关于参数 τ_ϵ 的小量, 当考虑局部规范型时可以忽略这一项, 从而得到如下关于 Hopf 分支的截断到三阶的规范型:

$$\dot{G} = f_k \tau_\epsilon G + g_k G^2 \overline{G}, \quad k = 1, 2, \tag{5-22}$$

其中, f_k 和 g_k 分别由式 (5-17) 和式 (5-21) 给出.

做极坐标变换: $G = re^{\mathrm{i}\Theta}$, 得到如下关于 (5-22) 的中心流形上的振幅和相位方程:

$$\begin{cases} \dot{r} = \mathrm{Re}(f_k)\tau_\epsilon r + \mathrm{Re}(g_k) r^3, \\ \dot{\Theta} = \mathrm{Im}(f_k)\tau_\epsilon + \mathrm{Im}(g_k) r^2. \end{cases} \tag{5-23}$$

定理 5.4 当 $\mathrm{Re}(f_k)\mathrm{Re}(g_k)\tau_\epsilon < 0$ 时, 系统 (5-23) 的第一个方程有非平凡的正平衡点 $r_k^* = \sqrt{-\dfrac{\mathrm{Re}(f_k)\tau_\epsilon > 0}{\mathrm{Re}(g_k)}}, k = 1, 2$. 对于这个方程来说, 它的平凡平衡点仍旧是系统 (5-3) 的平凡平衡点, 而该方程的非平凡平衡点则对应系统 (5-3) 的周期解. 因而, 若 $\mathrm{Re}(f_k)\mathrm{Re}(g_k)\tau_\epsilon < 0, \mathrm{Re}(f_k)\tau_\epsilon > 0\ (< 0)$ 成立, 则系统 (5-3) 的分支周期解在中心流形上是稳定的 (不稳定的).

5.4.2 Bogdanov-Takens 分岔分析

当 $A + B = 0$ 和 $B\tau + 1 = 0$ 成立时, 系统 (5-3) 在平衡点 E_0 处经历 Bogdanov-Takens 分岔, 其中 $E_0 = \dfrac{-a + D + pK_0}{2(b - pK_m)}$. 将该平衡点平移到原点, 并

做关于时滞的变换: $t \to t/\tau$, 则方程 (5-3) 变为

$$\dot{\omega} = \frac{\tau}{J}[-(D+pK_0+2pK_mE_0)\omega + a\omega(t-1) + 2bE_0\omega(t-1) - pK_m\omega^2 + b\omega^2(t-1)]. \tag{5-24}$$

接下来, 利中心流形约化方法推导系统 (5-24) 的关于 Bogdanov-Takens 分岔的规范型.

选择分岔参数: $\tau = \tau_c + \mu_1$ 和 $a = a_c + \mu_2$,

$$\eta(\theta) = \begin{cases} \tau_c A, & \theta = 0, \\ 0, & \theta \in (-1, 0), \\ -\tau_c B, & \theta = -1, \end{cases}$$

这里, $A = -\dfrac{1}{J}(D + pK_0 + 2pK_mE_0)$, $B = \dfrac{1}{J}(a_c + 2bE_0)$, $E_0 = \dfrac{-a + D + pK_0}{2(b - pK_m)}$.

系统 (5-24) 在平凡平衡点处的线性化方程为

$$\frac{\mathrm{d}X(t)}{\mathrm{d}t} = L_0 X_t,$$

这里, $L_0\phi = \displaystyle\int_{-1}^{0} \mathrm{d}\eta(\theta)\phi(\theta), \phi \in C = C([-1, 0], R^1)$, 在 $C^* \times C$ ($*$ 表示伴随) 上的双线性形式为

$$\langle \psi(s), \phi(\theta) \rangle = \psi(0)\phi(0) - \int_{-1}^{0}\int_{\xi=0}^{\theta} \psi(\xi - \theta)\mathrm{d}\eta(\theta)\phi(\xi)\mathrm{d}\xi,$$

这里, $\phi \in C, \psi \in C^*$. 相空间 C 被 $\Lambda = \{0\}$ 分解为 $C = P \oplus Q$, 这里,

$$Q = \{\varphi \in C : (\psi, \varphi) = 0, \psi \in P^*\},$$

P 空间和伴随空间 P^* 的基分别为

$$\varPhi(\theta) = (1, \theta)$$

和

$$\varPsi(s) = \begin{pmatrix} -2s + \dfrac{2}{3} \\ 2 \end{pmatrix}.$$

对于系统 (5-24) 的分支参数: $\tau = \tau_c + \mu_1$, $a = a_c + \mu_2$, 这里 μ_1 和 μ_2 为扰动参数, 定义 $\mu = (\mu_1, \mu_2)$. 则系统 (5-24) 可以被写为

$$\frac{\mathrm{d}X(t)}{\mathrm{d}t} = L(\mu)X_t + F(X_t, \mu), \tag{5-25}$$

这里,

$$
\begin{aligned}
L(\mu)X_t &= \frac{\tau_c+\mu_1}{J}[-(D+pK_0+2pK_mE_0)\phi(0)+(a_c+2bE_0)\phi(-1)] \\
&\quad +\frac{\tau_c\mu_2}{J}\phi(-1), \\
F(X_t,\mu) &= -\frac{\tau_c+\mu_1}{J}pK_m\phi^2(0)+\frac{\tau_c+\mu_1}{J}b\phi^2(-1)+\frac{\mu_1\mu_2}{J}\phi(-1).
\end{aligned}
$$

考虑在不连续点跳跃的从 $[-1,0]$ 到 R^2 的扩大相空间 BC 空间, 该空间定义为 $C\times R^2$. 因此, 该空间的元素可以被写为 $\psi=\varphi+X_0c$, 这里, $\varphi\in C, c\in R^2, X_0$ 为 2×2 的矩阵函数, 定义为 $X_0(\theta)=0, \theta\in[-1,0)$ 和 $X_0(0)=I$. 在 BC空间, 系统 (5-25) 可以被写为一个抽象的常微分方程,

$$
\frac{\mathrm{d}u}{\mathrm{d}t}=\mathcal{A}u+X_0\tilde{F}(u,\mu), \tag{5-26}
$$

这里, $u\in C$, $\mathcal{A}$ 定义为

$$
\mathcal{A}:C^1\to \mathrm{BC}, \mathcal{A}u=\frac{\mathrm{d}u}{\mathrm{d}t}+X_0\left[L_0u-\frac{\mathrm{d}u(0)}{\mathrm{d}t}\right],
$$

$$
\tilde{F}(u,\mu)=[L(\mu)-L_0]u+F(u,\mu).
$$

由连续映射 $\pi:\mathrm{BC}\mapsto P, \pi(\varphi+X_0c)=\varPhi[(\varPsi,\varphi)+\varPsi(0)c]$, 可以用 $\Lambda=\{0\}$ 进行空间分解, $\mathrm{BC}=P\oplus\mathrm{Ker}\pi$, 这里, $\mathrm{Ker}\pi=\{\varphi+X_0c:\pi(\varphi+X_0c)=0\}$, 定义映射 π 下的核空间. 令 $x=(x_1,x_2)^{\mathrm{T}}$, $v_t\in Q^1:=Q\cap C^1\subset\mathrm{Ker}\pi$, $\mathcal{A}_{Q^1}$ 是 $\mathcal{A}$ 的限制在 Q^1 上的到 Banach 空间 $\mathrm{Ker}\pi$ 上的算子. 定义 $u_t=\varPhi x+v_t$. 则方程 (5-25) 可以被分解为

$$
\begin{cases}
\dfrac{\mathrm{d}x}{\mathrm{d}t}=Nx+\varPsi(0)\tilde{F}(\varPhi x+v_t,\mu), \\
\dfrac{\mathrm{d}v_t}{\mathrm{d}t}=\mathcal{A}_{Q^1}v_t+(\mathrm{I}-\pi)X_0\tilde{F}(\varPhi x+v_t,\mu),
\end{cases} \tag{5-27}
$$

这里, $N=\begin{pmatrix}0 & 1\\ 0 & 0\end{pmatrix}$.

接下来, 令 M_2^1 为定义在 $V_2^4(R^2\times\mathrm{Ker}\pi)$ 上的算子, 即

$$
\begin{aligned}
&M_2^1:V_2^4(R^2)\mapsto V_2^4(R^2), \\
&(M_2^1p)(x,\mu)=D_xp(x,\mu)Nx-Np(x,\mu),
\end{aligned}
$$

这里, $V_2^4(R^2)$ 表示系数在 R^2 中的四个变元 (x_1, x_2, μ_1, μ_2) 构成的二阶齐次多项式张成的线性空间. 不难证明分解 $V_2^4(R^2) = \mathrm{Im}(M_2^1) \oplus \mathrm{Im}(M_2^1)^c$. $V_2^4(R^2 \times \mathrm{Ker}\pi)$ 的基为如下 20 个向量 $(i = 1, 2)$:

$$\begin{pmatrix} x_1^2 \\ 0 \end{pmatrix}, \quad \begin{pmatrix} x_2^2 \\ 0 \end{pmatrix}, \quad \begin{pmatrix} x_1x_2 \\ 0 \end{pmatrix}, \quad \begin{pmatrix} x_1\mu_i \\ 0 \end{pmatrix},$$

$$\begin{pmatrix} x_2\mu_i \\ 0 \end{pmatrix}, \quad \begin{pmatrix} \mu_i^2 \\ 0 \end{pmatrix}, \quad \begin{pmatrix} \mu_1\mu_2 \\ 0 \end{pmatrix},$$

$$\begin{pmatrix} 0 \\ x_1^2 \end{pmatrix}, \quad \begin{pmatrix} 0 \\ x_2^2 \end{pmatrix}, \quad \begin{pmatrix} 0 \\ x_1x_2 \end{pmatrix}, \quad \begin{pmatrix} 0 \\ x_1\mu_i \end{pmatrix},$$

$$\begin{pmatrix} 0 \\ x_2\mu_i \end{pmatrix}, \quad \begin{pmatrix} 0 \\ \mu_i^2 \end{pmatrix}, \quad \begin{pmatrix} 0 \\ \mu_1\mu_2 \end{pmatrix}.$$

M_2^1 下的像为

$$\begin{pmatrix} 2x_1x_2 \\ 0 \end{pmatrix}, \quad \begin{pmatrix} 0 \\ 0 \end{pmatrix}, \quad \begin{pmatrix} x_1^2 \\ 0 \end{pmatrix}, \quad \begin{pmatrix} x_2\mu_i \\ 0 \end{pmatrix}, \quad \begin{pmatrix} -x_1^2 \\ 2x_1x_2 \end{pmatrix},$$

$$\begin{pmatrix} -x_1x_2 \\ x_2^2 \end{pmatrix}, \quad \begin{pmatrix} -x_2^2 \\ 0 \end{pmatrix}, \quad \begin{pmatrix} -x_1\mu_i \\ x_2\mu_i \end{pmatrix}, \quad \begin{pmatrix} -x_2\mu_i \\ 0 \end{pmatrix}.$$

因此, $\mathrm{Im}(M_2^1)^c$ 的基为如下向量:

$$\begin{pmatrix} 0 \\ x_1^2 \end{pmatrix}, \quad \begin{pmatrix} 0 \\ x_1x_2 \end{pmatrix}, \quad \begin{pmatrix} 0 \\ x_1\mu_i \end{pmatrix}, \quad \begin{pmatrix} 0 \\ x_2\mu_i \end{pmatrix}, \quad \begin{pmatrix} 0 \\ \mu_i^2 \end{pmatrix}, \quad \begin{pmatrix} 0 \\ \mu_1\mu_2 \end{pmatrix}.$$

系统 (5-24) 约化在中心流形上的原点附近的如下规范型:

$$\frac{\mathrm{d}x}{\mathrm{d}t} = Nx + \frac{1}{2}g_2^1(x, 0, \mu_1, \mu_2) + \cdots,$$

这里, g_2^1 为当 $v_t = 0$ 时, 由 (x_1, x_2, μ_1, μ_2) 给出的二次项函数,

$$g_2^1(x, 0, \mu_1, \mu_2) = \mathrm{Proj}_{(\mathrm{Im}(M_2^1))^c} \times f_2^1(x, 0, \mu_1, \mu_2),$$

这里, $f_2^1(x, 0, \mu_1, \mu_2)$ 为方程 (5-27) 的第一个方程当 $v_t = 0$ 时, 由 (x, μ_1, μ_2) 给出的二次项函数. 则得到如下截断到二阶的 Bogdanov-Takens 分岔规范型:

$$\begin{cases} \dot{x}_1 = x_2, \\ \dot{x}_2 = \lambda_1 x_1 + \lambda_2 x_2 + d_1 x_1^2 + d_2 x_1 x_2, \end{cases} \tag{5-28}$$

这里,

$$\lambda_1 = \frac{2\tau_c}{J}\mu_2, \quad \lambda_2 = -2B\mu_1 - \frac{4\tau_c}{3J}\mu_2,$$
$$d_1 = \frac{2\tau_c(b-pK_m)}{J}, \quad d_2 = \frac{4\tau_c(b-pK_m)}{3J} - \frac{4b\tau_c}{J}.$$

注意到 $d_1d_2 \neq 0$, 则有

定理 5.5 当 $A+B=0$ 和 $B\tau+1=0$ 成立时, 系统 (5-3) 在平衡点 E_0 处经历 Bogdanov-Takens 分岔, 其中, $E_0 = \dfrac{-a+D+pK_0}{2(b-pK_m)}$, 系统 (5-28) 在原点附近与系统 (5-3) 在平衡点 E_0 附近局部拓扑等价.

对于 d_1 和 d_2 同号或者异号的情形, 系统 (5-28) 有两类拓扑结构不同的分岔图. 注意到, 只要 $d_1d_2 \neq 0$, 在适当的坐标变换下, 上述系统都可以化成如下的规范型:

$$\begin{cases} \dot{z}_1 = z_2, \\ \dot{z}_2 = u_1 + u_2z_1 + z_1^2 + sz_1z_2, \end{cases} \tag{5-29}$$

其中, $s=\pm1$. 系统 (5-29) 的完整的分岔分析见文献 [3]. 当然, 该分岔规范型不唯一, 也可得到如下的另一种形式的规范型:

$$\begin{cases} \dot{z}_1 = z_2, \\ \dot{z}_2 = u_1 + u_2z_2 + z_1^2 + sz_1z_2, \end{cases} \tag{5-30}$$

其中, $s=\pm1$. 系统 (5-30) 完整的分岔分析见文献 [1].

例如, 如果 $d_1>0$ 且 $d_2<0$, 引入如下变换,

$$x_1 = \frac{d_1}{d_2^2}\left(z_1 - \frac{d_2\lambda_2}{d_1}\right), \quad x_2 = -\frac{d_1^2}{d_2^3}z_2, \quad t = -\frac{d_2}{d_1}\tau,$$

系统 (5-28) 可化为规范型 (5-29) 的 $s=-1$ 的情形, 这里,

$$u_1 = \frac{d_2^2\lambda_2^2}{d_1^2} - \frac{d_2^3\lambda_1\lambda_2}{d_1^3}, \quad u_2 = \frac{d_2^2\lambda_1}{d_1^2} - \frac{2d_2\lambda_2}{d_1}.$$

在参数 u_1 和 u_2 构成的平面, 原点附近的小邻域内被如下三类分岔曲线分为四个区域, 下面简要列出相关结果.

定理 5.6[7] 对足够小的 μ_1, μ_2,

(1) 系统 (5-29) 在曲线 $S = \{(u_1,u_2): 4u_1 - u_2^2 = 0\}$ 上当 $s=-1$ 时, 经历 Fold 分岔;

(2) 系统 (5-29) 在曲线 $H=\{(u_1,u_2):u_1=0,u_2<0\}$ 上当 $s=-1$ 时, 经历 Hopf 分岔;

(3) 系统 (5-29) 在曲线 $T=\{(u_1,u_2):u_1=-\frac{6}{25}u_2^2+O(u_2^2),u_2<0\}$ 上当 $s=-1$ 时, 经历鞍点同宿轨分岔.

这里,

$$u_1=\frac{d_2^2\lambda_2^2}{d_1^2}-\frac{d_2^3\lambda_1\lambda_2}{d_1^3},\quad u_2=\frac{d_2^2\lambda_1}{d_1^2}-\frac{2d_2\lambda_2}{d_1},$$

其中,

$$\lambda_1=\frac{2\tau_c}{J}\mu_2,\quad \lambda_2=-2B\mu_1-\frac{4\tau_c}{3J}\mu_2,$$

$$d_1=\frac{2\tau_c(b-pK_m)}{J},\quad d_2=\frac{4\tau_c(b-pK_m)}{3J}-\frac{4b\tau_c}{J}.$$

另一种情形, 若 $d_1>0$ 且 $d_2>0$, 引入如下变换,

$$x_1=\frac{d_1}{d_2^2}\left(z_1-\frac{d_2^2\lambda_1}{2d_1^2}\right),\quad x_2=\frac{d_1^2}{d_2^3}z_2,\quad t=\frac{d_2}{d_1}\tau,$$

系统 (5-28) 可化为规范型 (5-30) 的 $s=1$ 的情形, 这里,

$$u_1=-\frac{d_2^4\lambda_1^2}{4d_1^4},\quad u_2=\frac{d_2\lambda_2}{d_1}-\frac{d_2^2\lambda_1}{2d_1^2}.$$

在参数 u_1 和 u_2 构成的平面, 原点附近的小邻域内被如下三类分岔曲线分为四个区域, 下面简要列出相关结果.

定理 5.7[8] 对足够小的 μ_1,μ_2,

(1) 系统 (5-30) 在曲线 $S=\{(u_1,u_2):u_1=0\}$ 上当 $s=1$ 时, 经历 Fold 分岔;

(2) 系统 (5-30) 在曲线 $H=\{(u_1,u_2):u_1=-u_2^2,u_1<0\}$ 上当 $s=1$ 时, 经历 Hopf 分岔;

(3) 系统 (5-30) 在曲线 $T=\{(u_1,u_2):u_1=-\frac{49}{25}u_2^2+O(u_2^2),u_1<0\}$ 上当 $s=1$ 时, 经历鞍点同宿轨分岔.

这里,

$$u_1=-\frac{d_2^4\lambda_1^2}{4d_1^4},\quad u_2=\frac{d_2\lambda_2}{d_1}-\frac{d_2^2\lambda_1}{2d_1^2},$$

其中,

$$\lambda_1=\frac{2\tau_c}{J}\mu_2,\quad \lambda_2=-2B\mu_1-\frac{4\tau_c}{3J}\mu_2,$$

$$d_1 = \frac{2\tau_c(b - pK_m)}{J}, \quad d_2 = \frac{4\tau_c(b - pK_m)}{3J} - \frac{4b\tau_c}{J}.$$

对于 $d_1 < 0, d_2 > 0$ 或者 $d_1 < 0, d_2 < 0$ 的情况可以类似分析, 这里我们省略相关细节.

5.5 实例分析

这一节, 选择具有实际意义的三组参数值, 并给出相关的稳定性分析及分岔分析.

实例 1

选择 $a = 100$, $b = 3$, $p = 2$, $D = 0.8$, $J = 1$, $K_0 = 10$, $K_m = 2$, $\omega_0 = 5$, 由式 (5-4) 和式 (5-6) 则有 $\Delta = (a - D - pK_0)^2 - 4pK_0\omega_0(b - pK_m) = 6672.64$, 从而得到 $E_1 = -1.243114475$, $E_2 = 80.4431145$, $A_2 = -664.344916$, $B_2 = 582.658687$, 显然有 $|A_2| > |B_2|$. 由定理 5.2(2) 可知, 对于 $\forall \tau \geqslant 0$ 平衡点 E_2 始终是局部渐近稳定. 分别令 $\tau = 0$,$\tau = 0.01$ 和 $\tau = 1$, 初始函数均为 $\omega(\theta) = 10, \theta \in [-\tau, 0]$, 系统具有稳定的平衡点 (见图 5.2).

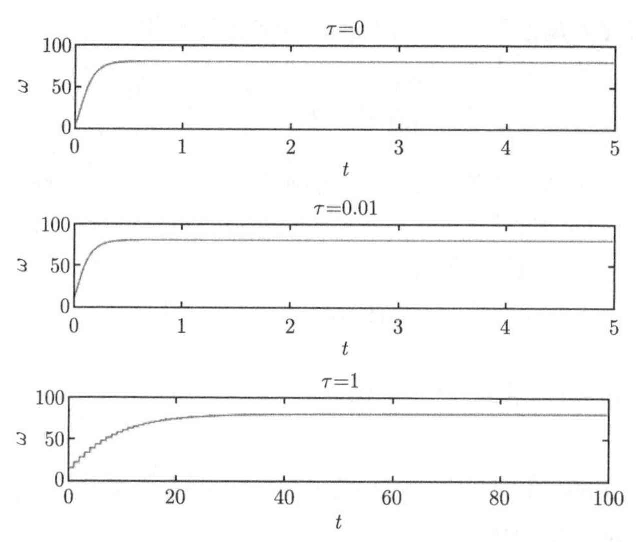

图 5.2 当 $\tau = 0$, $\tau = 0.01$,$\tau = 1$ 时, 系统 (5-3) 具有一个稳定的平衡点

实例 2

令 $a = -129.2$, $b = 5$, $p = 2$, $D = 0.8$, $J = 1$, $K_0 = 10$, $K_m = 2$, $\omega_0 = 30$, 由式 (5-4), 式 (5-6) 和式 (5-9) 可得

$$E_1 = 145.8872, \quad A_1 = -1187.8979, \quad B_1 = 1329.67234,$$

$$E_2 = 4.1128, \quad A_2 = -53.7021, \quad B_2 = -88.0723,$$

$$\beta_2 = 69.8056, \quad \tau_2^{(0)} = 0.0319.$$

令 $\tau_c = \tau_2^{(0)} = 0.0319$, 由式 (5-17) 和式 (5-21) 可得

$$\mathrm{Re}(f_2) = 395.6072, \quad \mathrm{Re}(g_2) = -0.0381.$$

由定理 5.2(3) 可知, 当 $\tau \in [0, \tau_2^{(0)})$ 时, 平衡点 E_2 局部渐近稳定. 另外, 当 $\tau_\epsilon > 0, \mathrm{Re}(f_2)\mathrm{Re}(g_2)\tau_\epsilon < 0$ 且 $\mathrm{Re}(f_2)\tau_\epsilon > 0$ 时, 由定理 5.4 可知, 分岔周期解是稳定的. 分别令 $\tau = 0.02 < \tau_2^{(0)} = 0.0319$ 和 $\tau = 0.04 > \tau_2^{(0)} = 0.0319$, 初始函数均为 $\varphi(\theta) = 4.5, \theta \in [-\tau, 0)$, 系统分别具有稳定平衡点和稳定的周期解 (见图 5.3).

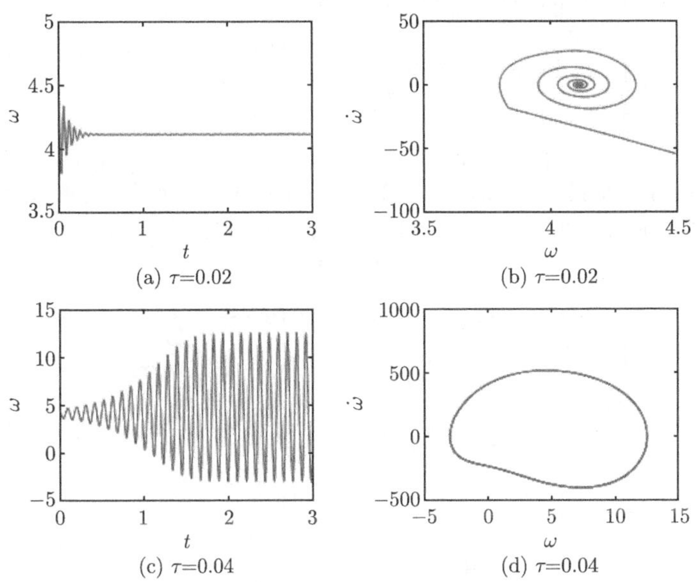

图 5.3 系统 (5-3) 的模拟解: (a) 和 (b) 为当 $\tau = 0.02$ 时的波形图和相图, 此时系统具有一个稳定的平衡点; (c) 和 (d) 为当 $\tau = 0.04$ 时的波形图和相图, 此时系统具有一个稳定的周期解

本章给出的规范型方法和分岔分析都是考虑局部动力系统. 我们关心周期解能否在开折参数的大范围存在. 模拟发现, 随着开折参数 τ 的增加, 当参数分别为 $\tau = 0.05$, $\tau = 0.06$,$\tau = 0.061$ 和 $\tau = 0.065$ 时, 系统 (5-3) 对于初始函数 $\omega(\theta) = 4.5, \theta \in [-\tau, 0]$ 具有稳定的周期-1、周期-2、周期-4 的解以及混沌现象 (见图 5.4 和图 5.5), 这里图 5.5(d) 是以 $\omega(t-\tau) = 0$ 作为 Poincaré 截面得到的 Poincaré 映射.

接下来, 给出参数 $\tau \in [0, 0.065]$ 的分岔图 (见图 5.6). 该分岔图由 Matlab 软件模拟, 描述了随着开折参数 τ 的增加, 系统解的最大值和最小值. 由该图可知, 系统随着时滞 τ 的增加由倍周期分岔通向混沌.

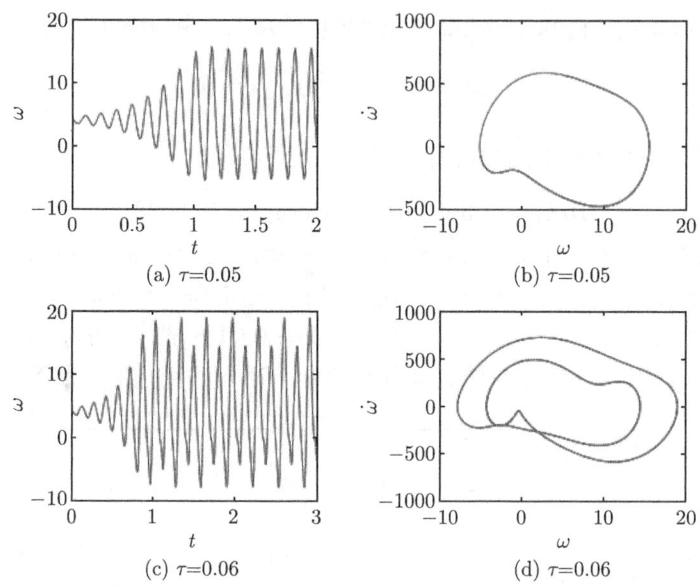

(a) τ=0.05　(b) τ=0.05

(c) τ=0.06　(d) τ=0.06

图 5.4　系统 (5-3) 的模拟解: (a) 和 (b) 为当 $\tau = 0.05$ 时的波形图和相图, 此时系统具有一个稳定的周期-1 解; (c) 和 (d) 为当 $\tau = 0.06$ 时的波形图和相图, 此时系统具有一个稳定的周期-2 解

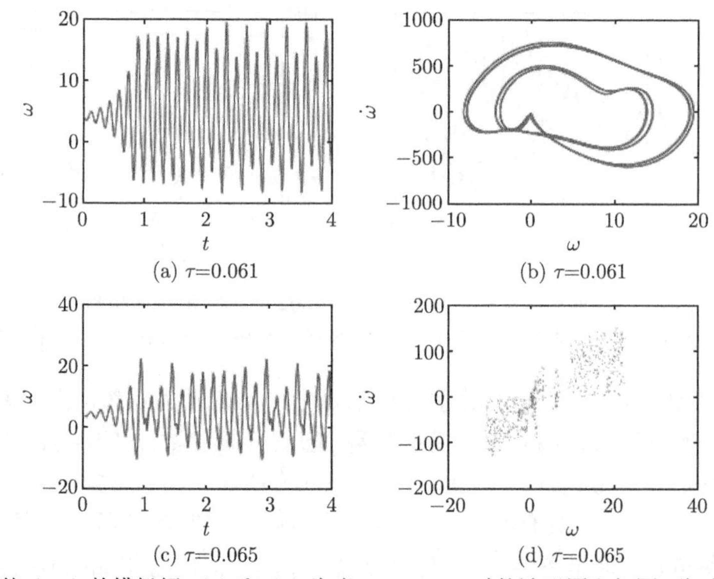

(a) τ=0.061　(b) τ=0.061

(c) τ=0.065　(d) τ=0.065

图 5.5　系统 (5-3) 的模拟解: (a) 和 (b) 为当 $\tau = 0.061$ 时的波形图和相图, 此时系统具有一个稳定的周期-4 解; (c) 和 (d) 为当 $\tau = 0.065$ 时的波形图和 Poincaré 映射, 此时系统为混沌运动态

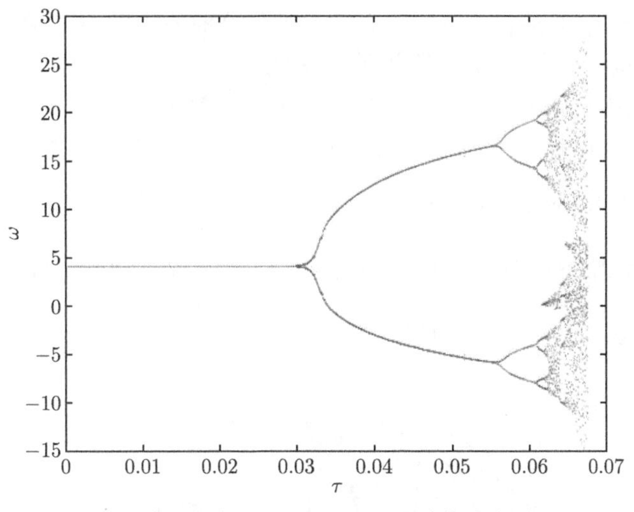

图 5.6 当时滞 $\tau \in [0, 0.0675]$ 时的分岔图

实例 3

令 $a = 25, b = 8, p = 2, D = 1, J = 7, K_0 = 4, K_m = 2, \omega_0 = 2$, 则有 $\Delta = 0, E_0 = -2, A = 1, B = -1, d_1 = 8/7, d_2 = -80/21$. 令 $\tau = 1$, 则有 $A + B = 0, 1 + B\tau = 0$, 且

$$
\begin{aligned}
&\lambda_1 = \frac{2}{7}\mu_2, \quad \lambda_2 = 2\mu_1 - \frac{4}{21}\mu_2,\\
&u_1 = \frac{400}{9}\mu_1^2 + \frac{800}{63}\mu_1\mu_2 - \frac{6400}{3969}\mu_2^2, \quad u_2 = \frac{40}{21}\mu_2 + \frac{40}{3}\mu_1,\\
&S := -\frac{40000}{3969}\mu_2^2 = 0,\\
&H := \frac{400}{9}\mu_1^2 + \frac{800}{63}\mu_1\mu_2 - \frac{6400}{3969}\mu_2^2 = \left(\mu_2 + \frac{21}{8}\mu_1\right)\left(\mu_2 - \frac{21}{2}\mu_1\right) = 0,\\
&u_2 = \frac{40}{21}\mu_2 + \frac{40}{3}\mu_1 < 0,\\
&T := \frac{784}{9}\mu_1^2 + \frac{224}{9}\mu_1\mu_2 - \frac{2944}{3969}\mu_2^2 = \left(\mu_2 + \frac{147}{46}\mu_1\right)\left(\mu_2 - \frac{147}{4}\mu_1\right) = 0,\\
&u_2 = \frac{40}{21}\mu_2 + \frac{40}{3}\mu_1 < 0.
\end{aligned}
$$

这个例子支持定理 5.6 的结论, 注意到系统 (5-28) 和系统 (5-29) 在原点附近与系统 (5-3) 在平衡点 E_0 附近时局部拓扑等价的. 考虑 Bogdanov-Takens 分岔临界点 $(\tau_c, a_c) = (1, 25)$ 附近的动力学性质, 分岔参数为反馈时滞 τ 和反馈参

数 a, 即: $\tau = \tau_c + \mu_1, a = a_c + \mu_2$. 上述分岔曲线由图 5.7 给出, 该图描述了 Bogdanov-Takens 分岔临界点附近的分岔现象. $\mu_2 = 0$ 为 Fold 分岔线, 在这条直线上系统经历超临界分岔. 当参数从上半平面穿过临界线 $\mu_2 = 0$ 到下半平面时, 平凡平衡点 (渊点) 变为非平凡平衡点 (鞍点), 非平凡平衡点 (鞍点) 变为平凡平衡点 (渊点). 对于 $\mu_1 < 0$, $H_1 : \mu_2 = -\dfrac{21}{8}\mu_1$ 和 $H_2 : \mu_2 = \dfrac{21}{2}\mu_1$ 为 Hopf 分岔曲线, 从该临界线分支出稳定的周期解. 对于 $\mu_1 < 0, T_1 : \mu_2 = -\dfrac{147}{46}\mu_1$ 和 $T_2 : \mu_2 = \dfrac{147}{4}\mu_1$ 为同宿分岔曲线.

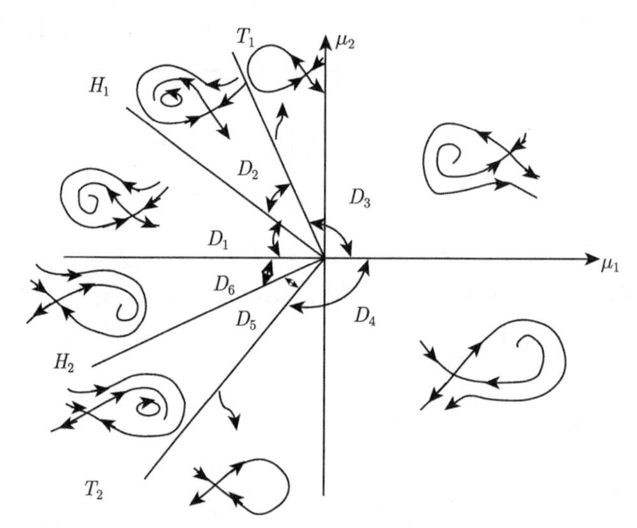

图 5.7 Bogdanov-Takens 分岔临界点附近的分岔曲线

选取上述参数值:

$$b = 8, \quad p = 2, \quad D = 1, \quad J = 7, \quad K_0 = 4, \quad K_m = 2, \omega_0 = 2, \ (\tau_c, a_c) = (1, 25)$$

为 Bogdanov-Takens 分岔临界值. 令 $\tau = \tau_c + \mu_1$ 且 $a = a_c + \mu_2$, 选取四组扰动参数值:

$$(\mu_1, \mu_2) = (-0.03, 0.06), (-0.03, 0.09), (-0.01, -0.2), (-0.03, -0.06),$$

它们分别属于区域 D_1, D_2, D_5 和 D_6, 分别对应稳定平衡点 (D_1)、稳定周期解 (D_2)、稳定周期解 (D_5) 和稳定平衡点 (D_6), 见图 5.8 和图 5.9.

这里, 图 5.8(a) 和图 5.8(b) 分别为 $(\mu_1, \mu_2) = (-0.03, 0.06)$ 时的时间波形图和相图, 此时系统具有一个稳定的平衡点; 图 5.8(c) 和图 5.8(d) 分别为 $(\mu_1, \mu_2) = (-0.03, 0.09)$ 时的时间波形图和相图, 此时系统具有一个稳定的周期解; 图 5.9(a)

和图 5.9(b) 分别为 $(\mu_1, \mu_2) = (-0.01, -0.2)$ 时的时间波形图和相图, 此时系统具有一个稳定的周期解; 图 5.9(c) 和图 5.9(d) 分别为 $(\mu_1, \mu_2) = (-0.03, -0.06)$ 时的时间波形图和相图, 此时系统具有一个稳定的平衡点. 数值仿真的结果与理论分析完全一致.

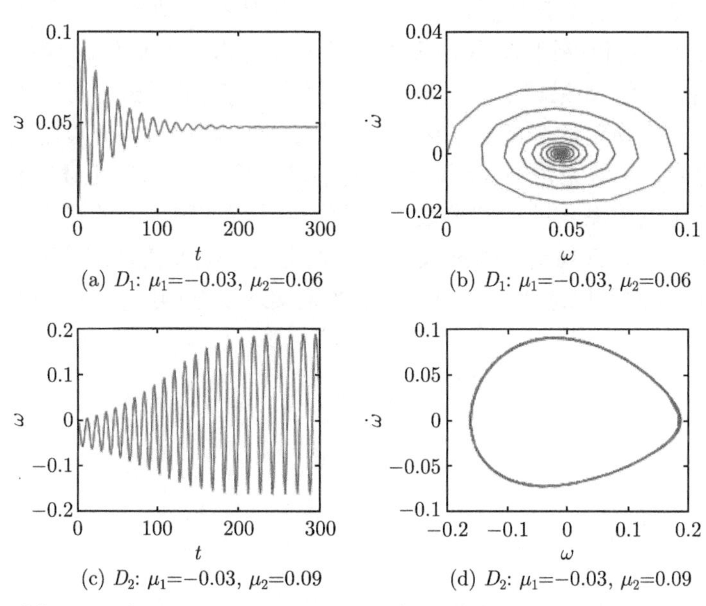

图 5.8 系统 (5-3) 在 Bogdanov-Takens 分岔临界点附近的 D_1 和 D_2 区域的模拟解

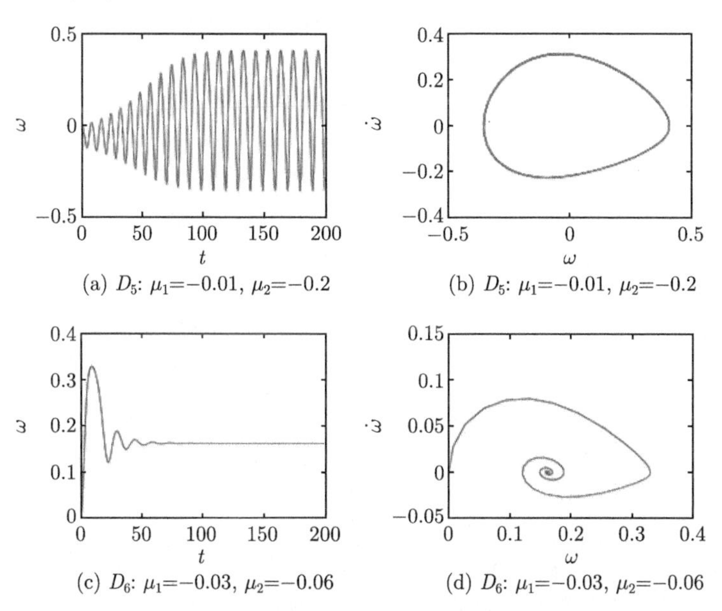

图 5.9 系统 (5-3) 在 Bogdanov-Takens 分岔临界点附近的 D_5 和 D_6 区域的模拟解

注释 5.1　定理 5.1 是关于线性系统 (5-2) 的动力学结果, 而定理 5.2—5.5 是关于非线性时滞系统 (5-3) 的动力学结果. 显然, 与之前的线性变频调压供水系统相比, 修改后的非线性时滞微分方程更符合实际过程, 并且具有更丰富的动力学现象.

注释 5.2　对于变频调压供水系统, 我们需要有效地控制反馈强度和反馈时滞. 为了避免弱磁和磁饱和, 我们希望转子电气角速度的偏差 ω 能以一种稳定的状态变化. 特别地, 如果转子电气角速度偏差不变 (或呈现稳定周期变化), 在时滞系统中分别对应稳定的平衡点 (或稳定的周期解), 则电气角速度稳定变化, 从而产生稳定的控制信号来控制变频驱动器的频率. 事实上, 按照上述理论分析, 通过调节变频调压供水系统的控制参数, 可以将该系统控制到新的稳定状态, 并且可以具体给出系统具有稳定平衡态或稳定周期态的参数取值范围. 因此, 按照上述的理论分析, 我们可以选取适当的控制参数来实现变频调压供水系统的各类应用.

第 6 章 微机电耦合系统的建模及稳定性分析

6.1 研 究 背 景

微机电系统 (Micro-Electro-Mechanical System, MEMS), 也叫作微电子机械系统、微系统、微机械等, 其内部尺寸一般在微米甚至纳米量级, 是一个独立的智能微型装置, 同时具有传感、制动和控制等功能. 微机电系统一词最早是在 1987 年在美国举行 IEEE Micro Robots and Teleoperators 研讨会的主题报告中提出的, 从此便开创了微机电系统的研究 [107−109]. 微机电系统主要由传感器、动作器 (执行器) 和微能源三部分组成. 微机电系统汇集了材料学、信息学、生物学等众多学科的尖端研究成果, 是多学科交叉研究内容, 在智能系统、生物技术等领域具有广泛的应用.

常见的产品包括 MEMS 加速度计、MEMS 麦克风、微马达、微泵、微振子、MEMS 压力传感器、MEMS 陀螺仪、MEMS 湿度传感器等以及它们的集成产品 [110,111]. 微机电系统的构成如图 6.1 所示, 包括微机械、微电子和微传感器.

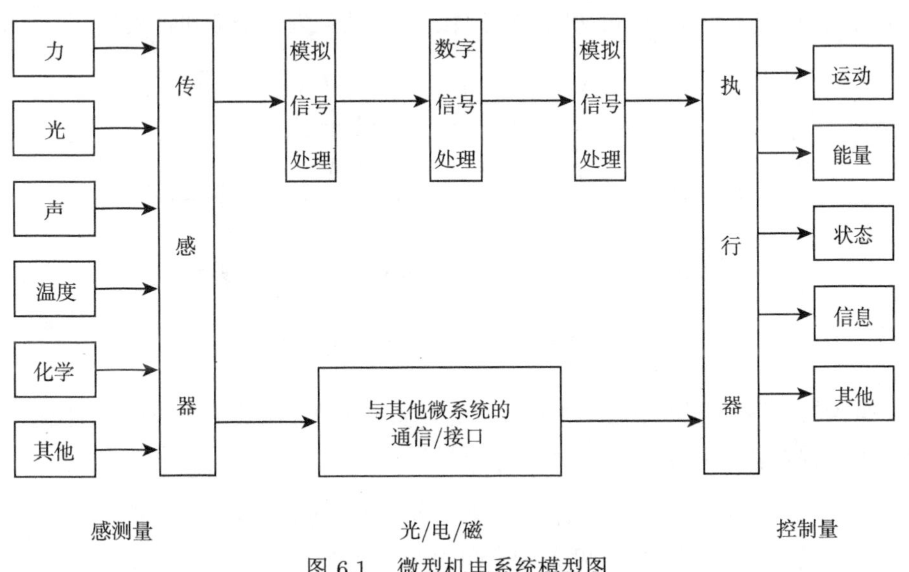

图 6.1 微型机电系统模型图

传感器是实现能量转化的元器件, 即将系统的热能转化为系统可以处理的电信号. 执行器 (微机械) 则是按照处理信号, 控制电路完成指令功能的元器件 [112−114], 通过电、光、磁或其他非接触方式, 系统可以与外部进行能量供应、信号传输或者指令控制. 微电子则是系统的控制器. 众所周知, 宏观机械可以通过利用复杂结构来实现多样化的运动功能, 而微机电系统受到微型化带来的制造技术和能源的限制, 只能通过若干个微小的、结构简单的子系统执行简单微小的动作, 然后通过微电子控制若干个子系统协调配合, 最终组合成整个系统来完成复杂任务. 微机电系统具有微小性、集成化、批量生产以及多学科交叉几个重要特征 [115,116].

静电驱动、电磁驱动和压电驱动是微机电系统中的三种主要驱动方式. 由于微机电系统的尺寸微小, 所以微小尺寸的低次方对系统的作用相对较大, 而微小尺寸的高次方对系统的作用相对较小, 即: 静电力的作用相对增大, 惯性力的作用相对减小, 因此微机电系统通常采用静电力驱动. 作为静电场中的导体, 微机电系统会受到静电力的作用, 然后发生形变, 反过来, 微机电系统的结构和位置也会影响电场的分布, 产生一种相互强耦合作用, 因此, 微机电耦合系统是该领域学者经常研究的一类基本问题 [117−119].

微机电系统在能源、机械、冶金、电力、国防等众多科技领域中发挥着重要的作用 [120,121]. 由于该系统的非线性特性和复杂特性, 关于微机电系统的研究已经引起很多学者的广泛关注. 随着交流调速技术的发展, 交流电机已经广泛用于机电耦合系统, 交流电机驱动的机电耦合系统可以抽象为一个双扭振模型, 见图 6.2.

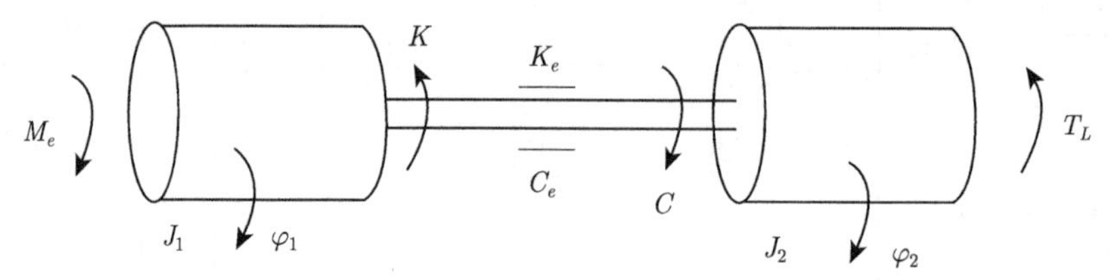

图 6.2　交流电机驱动的机电耦合系统的动力学模型

6.2　数 学 建 模

考虑到交流电动机空隙中的能量, 得到如下由交流电动机驱动的双物体相对旋转机电耦合传动系统的动力学方程 [120,121]:

$$\begin{cases} J_1\ddot{\varphi}_1 + K(\varphi_1 - \varphi_2) + C(\dot{\varphi}_1 - \dot{\varphi}_2) + C_e\dot{\varphi}_1 - K_e\varphi_1 = M_e, \\ J_2\ddot{\varphi}_2 - K(\varphi_1 - \varphi_2) - C(\dot{\varphi}_1 - \dot{\varphi}_2) = M_d, \end{cases} \tag{6-1}$$

这里, $J_i > 0(i = 1, 2)$ 是转动惯量; φ_i 和 $\dot{\varphi}_i(i = 1, 2)$ 分别为转角和旋转速度; $K > 0$ 是传动轴扭转刚度; $C > 0$ 是轴系阻尼系数; $C_e > 0$ 是电磁阻尼系数 (由转子阻

尼杆产生); M_e 是电磁转矩; M_d 是负载转矩. 详细的推导过程见文献 [120,121]. 方程 (6-1) 是考虑到电气参数和机械参数的双物体相对旋转系统的非线性动态方程. 为了控制机电耦合系统的动力学性质, 引入形如 $\tilde{k}_1\varphi_2(t-\tau)+\tilde{k}_2\varphi_2^3(t-\tau)$ 的非线性时滞状态反馈项, 即

$$M_d=\tilde{k}_1\varphi_2(t-\tau)+\tilde{k}_2\varphi_2^3(t-\tau).$$

在没有离心率的情况下,

$$M_e=\partial W_m/\partial\varphi_1=\mu_0+\mu_1\varphi_1+\mu_2\varphi_1^2+\mu_3\varphi_1^3,$$

这里 W_m 是定子和转子间的气隙磁场能量,

$$\begin{aligned}&\mu_0=\tilde{\mu}_0\sin(\psi_1+\psi_2),\quad \mu_1=\tilde{\mu}_1\cos(\psi_1+\psi_2),\\&\mu_2=\tilde{\mu}_2\sin(\psi_1+\psi_2),\quad \mu_3=\tilde{\mu}_3\cos(\psi_1+\psi_2),\end{aligned}$$

其中定子合成磁动势的相位角为 $\psi_1+\psi_2$. 事实上, 在适当的旋转变换下, $\psi_1+\psi_2$ 可以等于 π, 从而 $\mu_0=0,\mu_1=\tilde{\mu}_1,\mu_2=0,\mu_3=\tilde{\mu}_3$.

令

$$x=\varphi_1,\quad y=\dot{\varphi}_1,\quad z=\varphi_2,\quad w=\dot{\varphi}_2,\quad a_1=(\mu_1+K_e-K)/J_1,$$
$$a_2=-(C+C_e)/J_1,\quad a_3=K/J_1,\quad a_4=C/J_1,\quad l_1=\mu_3/J_1,$$
$$b_1=K/J_2,\quad b_2=C/J_2,\quad k_1=\tilde{k}_1/J_2,\quad k_2=\tilde{k}_2/J_2,$$

则得到如下具时滞微机电非线性耦合系统:

$$\begin{cases}\dot{x}=y,\\ \dot{y}=a_1x+a_2y+a_3z+a_4w+l_1x^3,\\ \dot{z}=w,\\ \dot{w}=b_1x+b_2y-b_1z-b_2w+k_1z(t-\tau)+k_2z^3(t-\tau).\end{cases}\tag{6-2}$$

本章将应用局部稳定性理论, 研究上述系统 (6-2) 的平凡平衡点稳定性和 Fold 分岔、Hopf 分岔及 Hopf-pitchfork 分岔的存在性. 推导 Hopf 分岔及 Hopf-pitchfork 分岔的规范型, 并给出上述分岔的分岔分析及数值仿真.

6.3 平衡点的稳定性及分支存在性

这一节, 考虑系统 (6-2) 的平凡平衡点. 系统 (6-2) 在原点处的线性化系统的特征方程如下:

$$\lambda^4+c_3\lambda^3+c_2\lambda^2+c_1\lambda+c_0-k_1e^{-\lambda\tau}(\lambda^2-a_2\lambda-a_1)=0,\tag{6-3}$$

这里,

$$c_3 = b_2 - a_2, \quad c_2 = b_1 - a_2b_2 - b_2a_4 - a_1,$$

$$c_1 = -a_2b_1 - b_2a_3 - a_1b_2 - b_1a_4, \quad c_0 = -a_1b_1 - b_1a_3.$$

情形 1 Fold 分岔.

注意到当 $c_0 + k_1a_1 = 0$ 时, 即 $k_1a_1 - a_1b_1 - b_1a_3 = 0$, 特征方程 (6-3) 有一个零根 $\lambda = 0$, 系统 (6-2) 经历 Fold 分岔. 当 $\tau = 0$ 和 $k_1a_1 - a_1b_1 - b_1a_3 = 0$ 时, 方程 (6-3) 为

$$\lambda[\lambda^3 + c_3\lambda^2 + (c_2 - k_1)\lambda + c_1 + k_1a_2] = 0. \tag{6-4}$$

我们给出如下假设:

(H1) $\quad c_3 > 0, \quad c_3(c_2 - k_1) - c_1 - k_1a_2 > 0, \quad c_1 + k_1a_2 > 0.$

此时对于系统 (6-2) 得到如下结论.

定理 6.1 当 $k_1a_1 - a_1b_1 - b_1a_3 = 0$ 时, 系统 (6-2) 经历 Fold 分岔. 特别地, 当 (H1) 成立时, 方程 (6-4) 除了一个零根外, 其他根都具有负实部.

情形 2 Hopf 分岔.

当 $\tau = 0$ 时, 方程 (6-3) 为

$$\lambda^4 + c_3\lambda^3 + (c_2 - k_1)\lambda^2 + (c_1 + k_1a_2)\lambda + c_0 + a_1k_1 = 0. \tag{6-5}$$

我们给出如下假设:

(H2) $\quad c_3 > 0, \quad c_3\,(c_2 - k_1) - c_1 - k_1a_2 > 0, \quad c_0 + a_1k_1 > 0,$

$$c_3(c_2 - k_1)(c_1 + k_1a_2) - c_3^2(c_0 + a_1k_1) - (c_1 + k_1a_2)^2 > 0,$$

由 Routh-Hurwitz 可知, 此时方程 (6-5) 的所有根具有严格负实部.

进而考虑局部 Hopf 分岔. 为了找到可能的由 Hopf 分岔产生的周期解, 令 $\lambda = \mathrm{i}\beta(\mathrm{i}^2 = -1, \beta > 0)$ 是方程 (6-3) 的根. 将该根 $\lambda = \mathrm{i}\beta$ 代入方程 (6-3), 并分离实虚部得

$$\begin{cases} \beta^4 - c_2\beta^2 + c_0 = -k_1a_2\beta\sin(\beta\tau) - k_1(a_1 + \beta^2)\cos(\beta\tau), \\ c_1\beta - c_3\beta^3 = k_1(\beta^2 + a_1)\sin(\beta\tau) - k_1a_2\beta\cos(\beta\tau), \end{cases} \tag{6-6}$$

令 $Z = \beta^2$. 则由方程 (6-6) 可知

$$F(Z) := Z^4 + m_3Z^3 + m_2Z^2 + m_1Z + m_0 = 0. \tag{6-7}$$

这里,

$$m_3 = c_3^2 - 2c_2, \quad m_2 = c_2^2 + 2c_0 - 2c_1c_3 - k_1^2,$$

$$m_1 = c_1^2 - k_1^2a_2^2 - 2k_1^2a_1 - 2c_0c_2, \quad m_0 = c_0^2 - k_1^2a_1^2.$$

假设方程 (6-7) 有正根. 不失一般性, 假设方程 (6-7) 有 $k(k \leqslant 4)$ 个正根 $Z_n(n = 1, \cdots, k)$, 则 $\beta_n = \sqrt{Z_n}$. 由方程 (6-6) 可得

$$\begin{cases} Q_n := \sin(\beta_n \tau) = \dfrac{\beta_n k_1(a_1+\beta_n^2)(c_1-c_3\beta_n^2) - k_1 a_2 \beta_n(\beta_n^4 - c_2\beta_n^2 + c_0)}{k_1^2 a_2^2 \beta_n^2 + k_1^2(a_1+\beta_n^2)^2}, \\ P_n := \cos(\beta_n \tau) = -\dfrac{k_1(\beta_n^4 - c_2\beta_n^2 + c_0)(\beta_n^2 + a_1) + k_1 a_2 \beta_n^2 (c_1 - c_3\beta_n^2)}{k_1^2 a_2^2 \beta_n^2 + k_1^2(a_1+\beta_n^2)^2}. \end{cases} \tag{6-8}$$

由式 (6-8) 可计算得到时滞 τ:

$$\tau_n^{(j)} = \begin{cases} \dfrac{1}{\beta_n}[\arccos(P_n) + 2j\pi], & Q_n \geqslant 0, \\ \dfrac{1}{\beta_n}[2\pi - \arccos(P_n) + 2j\pi], & Q_n < 0. \end{cases} \tag{6-9}$$

这里, $n = 1, \cdots, k; j = 0, 1, 2, \cdots$.

令 $\lambda(\tau) = \alpha(\tau) + \mathrm{i}\omega(\tau)$ 为满足 $\alpha(\tau_n^{(j)}) = 0$, $\beta(\tau_n^{(j)}) = \beta_n(n = 1, \cdots, k; j = 0, 1, 2, \cdots)$ 的方程 (6-3) 的根, 则有横截条件

$$\mathrm{Sign}\left[\mathrm{Re}\left(\frac{\mathrm{d}\lambda}{\mathrm{d}\tau_n^{(j)}}\right)^{-1}\right] = \mathrm{Sign}\left[\frac{F'(Z_n)}{k_1^2 a_2^2 \beta_n^2 + k_1^2(a_1+\beta_n^2)^2}\right] = \mathrm{Sign}[F'(Z_n)], \tag{6-10}$$

其中, $n = 1, \cdots, k; j = 0, 1, 2, \cdots$.

结合上述结果, 则有如下定理.

定理 6.2 若方程 (6-7) 有 k $(k \leqslant 4)$ 个正实根 $Z_n, n = 1, \cdots, k$, 则当 $\tau = \tau_n^{(j)}(n = 1, \cdots, k; j = 0, 1, 2 \cdots)$ 时, 系统 (6-2) 经历 Hopf 分岔, 这里 $\tau_n^{(j)}$ 见式 (6-9). 特别地, 如果假设 (H2) 成立, 当 $\tau \in [0, \tau_0)$ 时, 其中 $\tau_0 = \min\{\tau_n^{(0)}\}$, 方程 (6-3) 的所有根都具有严格负实部.

情形 3 Hopf-zero 分岔.

当 $k_1 a_1 - a_1 b_1 - b_1 a_3 = 0$ 时, 特征方程 (6-3) 有一个零根. 则方程 (6-7) 可写为

$$F(Z) := Z[Z^3 + m_3 Z^2 + m_2 Z + m_1] = 0. \tag{6-11}$$

令

$$F_1(Z) := Z^3 + m_3 Z^2 + m_2 Z + m_1,$$

$$\frac{\mathrm{d}F_1(Z)}{\mathrm{d}Z} := 3Z^2 + 2m_3 Z + m_2.$$

当 $\Delta = 4m_3^2 - 12m_2 > 0$ 时, 方程 $\dfrac{\mathrm{d}F_1(Z)}{\mathrm{d}Z} = 0$ 有两个实根:

$$Z_1^* = \frac{-2m_3 - \sqrt{\Delta}}{6}, \quad Z_2^* = \frac{-2m_3 + \sqrt{\Delta}}{6}.$$

因而, 我们给出如下假设:

(H3a) $\Delta > 0, m_1 < 0, Z_1^* < 0$;

(H3b) $\Delta > 0, m_1 > 0, Z_2^* > 0, F_1(Z_2^*) < 0$;

(H3c) $\Delta > 0, m_1 < 0, Z_1^* > 0, F_1(Z_1^*) < 0, F_1(Z_2^*) > 0$;

若假设 (H3a) 成立, 方程 (6-7) 有一个正根 Z_1, 并且 $F'(Z_1) > 0$. 若假设 (H3b) 成立, 方程 (6-7) 有两个正根 Z_1 和 Z_2. 不妨假设 $Z_1 < Z_2$, 则有 $F'(Z_1) < 0$, $F'(Z_2) > 0$. 若假设 (H3c) 成立, 方程 (6-7) 有三个正根 Z_1,Z_2 和 Z_3. 不妨假设 $Z_1 < Z_2 < Z_3$, 则有 $F'(Z_1) > 0$, $F'(Z_2) < 0$, $F'(Z_3) > 0$.

结合上述结论, 得到如下定理.

定理 6.3　当 $k_1a_1 - a_1b_1 - b_1a_3 = 0$ 时, 若假设 (H3a), (H3b) 或 (H3c) 成立, 方程 (6-7) 分别有 $1, 2, 3$ 个正实根, 当 $\tau = \tau_n^{(j)} (n = 1, 2, 3; j = 0, 1, 2 \cdots)$ 时, 这里 $\tau_n^{(j)}$ 由式 (6-9) 给出, 系统 (6-2) 经历 Hopf-zero 分岔. 特别地, 若假设 (H1) 也成立, 当 $\tau \in [0, \tau_0)$ 时, 其中 $\tau_0 = \min\{\tau_n^{(0)}\}$, 方程 (6-3) 有一个零根, 其他根都具有严格负实部.

6.4　Hopf-zero 分岔和 Hopf 分岔规范型

这一节, 我们利用多时间尺度方法推导 Hopf-zero 分岔和 Hopf 分岔的规范型. 这里只给出 Hopf-zero 分岔规范型的详细推导过程, 对于 Hopf 分岔规范型的推导可以类似进行.

6.4.1　Hopf-zero 分岔规范型分析

当 $k_1a_1 - a_1b_1 - b_1a_3 = 0$ 并且 $\tau = \tau_n^{(j)} (n = 1, 2, 3; j = 0, 1, 2, \cdots)$ 时, 特征方程 (6-3) 有一个零根 $\lambda = 0$ 和一对纯虚根 $\lambda = \pm \mathrm{i}\beta_n$, 这里, $\tau_n^{(j)}$ 由式 (6-9) 给出. 选取反馈参数 k_1 和时滞 τ 作为分岔参数.

注释 6.1　在电机旋转过程中, 由于机电耦合系统反馈项的影响, 系统更容易产生复杂的动力学现象, 因此, 我们选取反馈时滞 τ 和线性反馈强度 k_1 作为主要参数来分析系统的动力学性质.

假设系统 (6-2) 在平凡平衡点处当 $k_1 = k_{1c}$,$\tau = \tau_c$ 时经历 Hopf-zero 分岔. 此时特征方程 (6-3) 有一个零根 $\lambda = 0$ 和一对纯虚根 $\lambda = \pm \mathrm{i}\beta$. 进而, 方程 (6-2) 可写为如下形式:

$$\dot{U}(t) = AU(t) + BU(t - \tau) + F(U(t), U(t - \tau)), \tag{6-12}$$

其中,

$$U(t) = (x(t), y(t), z(t), w(t))^{\mathrm{T}},$$

$$U(t-\tau)=(x(t-\tau),y(t-\tau),z(t-\tau),w(t-\tau))^{\mathrm{T}},$$

$$A=\begin{pmatrix}0&1&0&0\\a_1&a_2&a_3&a_4\\0&0&0&1\\b_1&b_2&-b_1&-b_2\end{pmatrix},\quad B=\begin{pmatrix}0&0&0&0\\0&0&0&0\\0&0&0&0\\0&0&k_1&0\end{pmatrix},$$

$$F(U(t),U(t-\tau))=\begin{pmatrix}0\\l_1x^3\\0\\k_2z^3(t-\tau)\end{pmatrix}.$$

定义系统 (6-12) 的线性形式为

$$\dot{U}(t)=AU(t)+B_cU(t-\tau_c):=L_c(U(t),U(t-\tau_c)),$$

该系统的特征方程有一对纯虚根 $\pm\mathrm{i}\beta$ 和一个零根, 其他根都具有非零实部, 这里,

$$B_c=\begin{pmatrix}0&0&0&0\\0&0&0&0\\0&0&0&0\\0&0&k_{1c}&0\end{pmatrix}.$$

令 $p_1=(p_{11},p_{12},p_{13},p_{14})^{\mathrm{T}}$ 和 $p_2=(p_{21},p_{22},p_{23},p_{24})^{\mathrm{T}}$ 分别是线性算子 L_c 对应特征值 $\mathrm{i}\beta$ 和 0 的特征向量, 令 $p_1^*=(p_{11}^*,p_{12}^*,p_{13}^*,p_{14}^*)^{\mathrm{T}}$ 和 $p_2^*=(p_{21}^*,p_{22}^*,p_{23}^*,p_{24}^*)^{\mathrm{T}}$ 分别为算子 L_c 的伴随算子 L_c^* 的对应特征值 $-\mathrm{i}\beta$ 和 0 的规范化的特征向量, 并且满足内积

$$\langle p_i^*,p_i\rangle=\overline{p_i^*}^{\mathrm{T}}p_i=1,\quad i=1,2.$$

简单计算可得

$$\begin{cases}p_1=(p_{11},p_{12},p_{13},p_{14})^{\mathrm{T}}=\left(1,\mathrm{i}\beta,-\dfrac{a_1+\beta^2+a_2\beta\mathrm{i}}{a_3+a_4\beta\mathrm{i}},\mathrm{i}\beta p_{13}\right)^{\mathrm{T}},\\p_2=(p_{21},p_{22},p_{23},p_{24})^{\mathrm{T}}=\left(1,0,-\dfrac{a_1}{a_3},0\right)^{\mathrm{T}},\\p_1^*=d_1(p_{11}^*,p_{12}^*,p_{13}^*,p_{14}^*)^{\mathrm{T}},\\p_2^*=d_2(p_{21}^*,p_{22}^*,p_{23}^*,p_{24}^*)^{\mathrm{T}},\end{cases}\tag{6-13}$$

其中,

$$p_{11}^* = 1, \quad p_{12}^* = \frac{b_1 - \mathrm{i}\beta b_2}{a_1 b_2 - b_1(\mathrm{i}\beta + a_2)},$$

$$p_{14}^* = \frac{\mathrm{i}\beta(\mathrm{i}\beta + a_2) - a_1}{a_1 b_2 - b_1(\mathrm{i}\beta + a_2)}, \quad p_{13}^* = -a_4 p_{12}^* - (\mathrm{i}\beta - b_2) p_{14}^*,$$

$$d_1 = (1 + p_{12}^* \bar{p}_{12} + p_{13}^* \bar{p}_{13} + p_{14}^* \bar{p}_{14})^{-1}, \quad p_{21}^* = \frac{a_2 b_1}{a_1} - b_2,$$

$$p_{22}^* = -\frac{b_1}{a_1}, \quad p_{23}^* = \frac{a_4 b_1}{a_1} + b_2,$$

$$p_{24}^* = 1, \quad d_2 = \frac{a_1 a_3}{(a_2 b_1 - b_2 a_1) a_3 - (a_4 b_1 + b_2 a_1) a_1}.$$

接下来, 利用多时间尺度方法推导系统 (6-2) 的关于 Hopf-zero 分岔的直到三阶的规范型. 由多时间尺度方法, 系统 (6-12) 的解可假设为如下形式:

$$U(t) = U(T_0, T_1, \cdots) = \epsilon^{1/2} U_1(T_0, T_1, \cdots) + \epsilon^{3/2} U_2(T_0, T_1, \cdots) + \cdots, \tag{6-14}$$

这里,

$$U(T_0, T_1, \cdots) = (x(T_0, T_1, \cdots), y(T_0, T_1, \cdots), z(T_0, T_1, \cdots), w(T_0, T_1, \cdots))^{\mathrm{T}},$$

$$U_k(T_0, T_1, \cdots)$$
$$= (x_k(T_0, T_1, \cdots), y_k(T_0, T_1, \cdots), z_k(T_0, T_1, \cdots), w_k(T_0, T_1, \cdots))^{\mathrm{T}}, \quad k = 1, 2, \cdots.$$

关于时间 t 的导数可写为

$$\frac{\mathrm{d}}{\mathrm{d}t} = \frac{\partial}{\partial T_0} + \epsilon \frac{\partial}{\partial T_1} + \cdots = D_0 + \epsilon D_1 + \cdots,$$

其中微分算子

$$D_i = \frac{\partial}{\partial T_i}, \quad i = 0, 1, 2, \cdots.$$

定义

$$U_j = (x_j, y_j, z_j, w_j)^{\mathrm{T}} = U_j(T_0, T_1, \cdots)$$

和

$$U_{j,\tau_c} = (x_{j,\tau_c}, y_{j,\tau_c}, z_{j,\tau_c}, w_{j,\tau_c})^{\mathrm{T}} = U_j(T_0 - \tau_c, T_1, \cdots),$$

这里, $j = 1, 2, \cdots$. 由解 (6-14) 可得

$$\dot{U}(t) = \epsilon^{1/2} D_0 U_1 + \epsilon^{3/2} D_1 U_1 + \epsilon^{3/2} D_0 U_2 + \cdots. \tag{6-15}$$

在系统 (6-12) 中选取 $k_1=k_{1c}+\epsilon k_\epsilon$ 和 $\tau=\tau_c+\epsilon\tau_\epsilon$ 作为扰动参数. 时滞项 $U_j(t-\tau)$ 在 $U_{j,\tau_c}(j=1,2,\cdots)$ 处的展式可写为

$$\begin{aligned}&U(t-\tau_c-\epsilon\tau_\epsilon,\epsilon(t-\tau_c-\epsilon\tau_\epsilon),\cdots)\\=&\epsilon^{1/2}U_{1,\tau_c}-\epsilon^{3/2}\tau_\epsilon D_0U_{1,\tau_c}-\epsilon^{3/2}\tau_cD_1U_{1,\tau_c}+\epsilon^{3/2}U_{2,\tau_c}+\cdots,\end{aligned}\tag{6-16}$$

这里, $U_{j,\tau_c}=U_j(T_0-\tau_c,T_1,\cdots),j=1,2,\cdots$.

将多时间尺度形式的解 (6-14)—(6-16) 代入系统 (6-12) 中, 平衡 $\epsilon^{j/2}(j=1,3,5,\cdots)$ 项的系数, 得到一系列的线性微分方程. 首先, 对于 $\epsilon^{1/2}$ 阶项, 我们有

$$D_0U_1-AU_1-B_cU_{1,\tau_c}=0.\tag{6-17}$$

由于 $\pm\mathrm{i}\beta$ 和 0 为特征方程 (6-12) 的特征值, 则方程 (6-17) 的解为如下形式:

$$\begin{aligned}&U_1(T_1,T_2,\cdots)\\&=G_1(T_1,T_2,\cdots)e^{\mathrm{i}\beta\mathrm{T}_0}p_1+\overline{G}_1(T_1,T_2,\cdots)e^{-\mathrm{i}\beta\mathrm{T}_0}\overline{p}_1+G_2(T_1,T_2,\cdots)p_2,\end{aligned}\tag{6-18}$$

这里, p_1 和 p_2 见式 (6-13).

接下来, 对于 $\epsilon^{3/2}$ 阶项, 我们有

$$D_0U_2-AU_2-B_cU_{2,\tau_c}=-D_1U_1+f,\tag{6-19}$$

这里, $f=(0,l_1x_1^3,0,k_\epsilon z_{1,\tau_c}-k_{1c}(\tau_\epsilon D_0z_{1\tau_c}+\tau_cD_1z_{1\tau_c})+k_2z_{1\tau_c}^3)^{\mathrm{T}}$.

非齐次方程 (6-19) 有解的充分必要条件是可解条件成立 [25], 即非齐次方程 (6-19) 的右端表达式与伴随齐次问题的所有解正交. 将解 (6-18) 代入方程 (6-19) 的右端表达式, 得到 $e^{\mathrm{i}\beta T_0}$ 项的系数, 定义该系数为 δ_2, 事实上, 找到可解条件相当于消掉正则项, 令 $\langle p_1^*,\delta_1\rangle=0$, $\langle p_2^*,\delta_2\rangle=0$, 这里, $p_j^*(j=1,2)$ 见式 (6-13). 则可求解出 $\dfrac{\partial G_1}{\partial T_1}$ 和 $\dfrac{\partial G_2}{\partial T_1}$,

$$\left\{\begin{aligned}\frac{\partial G_1}{\partial T_1}&=\alpha_1G_1+Q_1G_1^2\overline{G}_1+Q_2G_1G_2^2,\\\frac{\partial G_2}{\partial T_1}&=\alpha_2G_2+Q_3G_2^3+Q_4G_1\overline{G}_1G_2,\end{aligned}\right.\tag{6-20}$$

这里,

$$\alpha_1=\frac{\bar{d}_1\bar{p}_{14}^*(p_{13}e^{-\mathrm{i}\beta\tau_c}k_\epsilon-k_{1c}p_{13}\mathrm{i}\beta e^{-\mathrm{i}\beta\tau_c}\tau_\epsilon)}{1+k_{1c}\tau_c\bar{d}_1\bar{p}_{14}^*e^{-\mathrm{i}\beta\tau_c}p_{13}},\quad\alpha_2=\frac{p_{23}k_\epsilon d_2p_{24}^*}{1+k_{1c}\tau_cp_{23}d_2p_{24}^*},$$

$$Q_1=\frac{3\bar{d}_1(\bar{p}_{12}^*l_1+k_2\bar{p}_{14}^*p_{13}^2\bar{p}_{13}e^{-\mathrm{i}\beta\tau_c})}{1+k_{1c}\tau_c\bar{d}_1\bar{p}_{14}^*e^{-\mathrm{i}\beta\tau_c}p_{13}},\quad Q_2=\frac{3\bar{d}_1(\bar{p}_{12}^*l_1+k_2\bar{p}_{14}^*p_{13}p_{23}^2e^{-\mathrm{i}\beta\tau_c})}{1+k_{1c}\tau_c\bar{d}_1\bar{p}_{14}^*e^{-\mathrm{i}\beta\tau_c}p_{13}},$$

$$Q_3 = \frac{l_1 p_{22}^* d_2 + k_2 p_{23}^3 d_2 p_{24}^*}{1 + k_{1c}\tau_c p_{23} d_2 p_{24}^*}, \quad Q_4 = \frac{6d_2(l_1 p_{22}^* + k_2 p_{13}\bar{p}_{13} p_{23} p_{24}^*)}{1 + k_{1c}\tau_c p_{23} d_2 p_{24}^*}.$$

令 $G_1 = re^{\mathrm{i}\theta}$, $G_2 = v$, 代入式 (6-20) 中, 得到如下规范型:

$$\begin{cases} \dfrac{\mathrm{d}r}{\mathrm{d}t} = \mathrm{Re}(\alpha_1)r + \mathrm{Re}(Q_1)r^3 + \mathrm{Re}(Q_2)rv^2, \\ \dfrac{\mathrm{d}v}{\mathrm{d}t} = \alpha_2 v + Q_3 v^3 + Q_4 v r^2, \\ \dfrac{\mathrm{d}\theta}{\mathrm{d}t} = \mathrm{Im}(\alpha_1) + \mathrm{Im}(Q_1)r^2 + \mathrm{Im}(Q_2)v^2. \end{cases} \tag{6-21}$$

6.4.2 Hopf 分岔规范型分析

假设当 $\tau = \tau_c$ 时, 特征方程 (6-3) 有一对纯虚根 $\lambda = \pm\mathrm{i}\beta$. 选取反馈时滞 τ 作为分岔参数, 扰动参数为 $\tau = \tau_c + \epsilon\tau_\epsilon$, 这里 τ_ϵ 为开折参数. 则由多时间尺度方法推导得到如下 Hopf 分岔规范型:

$$\frac{\partial G}{\partial T_1} = q_1 \tau_\epsilon G + q_2 G^2 \overline{G}, \tag{6-22}$$

这里,

$$q_1 = -\frac{\bar{d}_1 \bar{p}_{14}^* k_1 p_{13} \mathrm{i}\beta e^{-\mathrm{i}\beta\tau_c}}{1 + k_1 \tau_c \bar{d}_1 \bar{p}_{14}^* e^{-\mathrm{i}\beta\tau_c} p_{13}},$$

$$q_2 = \frac{3\bar{d}_1(\bar{p}_{12}^* l_1 + k_2 \bar{p}_{14}^* p_{13}^2 \bar{p}_{13} e^{-\mathrm{i}\beta\tau_c})}{1 + k_1 \tau_c \bar{d}_1 \bar{p}_{14}^* e^{-\mathrm{i}\beta\tau_c} p_{13}},$$

其中, p_{13}, p_{12}^* 和 p_{14}^* 见式 (6-13).

将 $G = re^{\mathrm{i}\theta}$ 代入式 (6-22), 得到如下极坐标下的规范型:

$$\begin{cases} \dfrac{\mathrm{d}r}{\mathrm{d}t} = \mathrm{Re}(q_1)\tau_\epsilon r + \mathrm{Re}(q_2)r^3, \\ \dfrac{\mathrm{d}\theta}{\mathrm{d}t} = \mathrm{Im}(q_1) + \mathrm{Im}(q_2)r^2. \end{cases} \tag{6-23}$$

6.5 分岔分析和数值模拟

这一节, 我们首先针对 Hopf 分岔给出分岔分析和数值模拟, 然后再针对 Hopf-pitchfork 分岔给出分岔分析和数值模拟.

6.5.1 Hopf 分岔分析

考虑规范型 (6-23) 的第一个方程, 即

$$\frac{\mathrm{d}r}{\mathrm{d}t} = \mathrm{Re}(q_1)\tau_\epsilon r + \mathrm{Re}(q_2)r^3, \tag{6-24}$$

则有如下定理.

定理 6.4 当 $\mathrm{Re}(q_1)\tau_\epsilon < 0$ 时, 方程 (6-24) 的平凡平衡点 $r_0 = 0$ 是稳定的; 当 $\mathrm{Re}(q_1)\tau_\epsilon > 0$, 平凡平衡点 $r_0 = 0$ 是不稳定的; 当 $\dfrac{\mathrm{Re}(q_1)\tau_\epsilon}{\mathrm{Re}(q_2)} < 0$ 时, 系统存在另一个非平凡平衡点 $r_1 = \sqrt{-\dfrac{\mathrm{Re}(q_1)\tau_\epsilon}{\mathrm{Re}(q_2)}}$, 该平衡点对应于系统 (6-2) 的周期解. 如果 $\mathrm{Re}(q_1)\tau_\epsilon > 0$, 非平凡平衡点 $r_1 = \sqrt{-\dfrac{\mathrm{Re}(q_1)\tau_\epsilon}{\mathrm{Re}(q_2)}}$ 是稳定的, 如果 $\mathrm{Re}(q_1)\tau_\epsilon < 0$, 非平凡平衡点 $r_1 = \sqrt{-\dfrac{\mathrm{Re}(q_1)\tau_\epsilon}{\mathrm{Re}(q_2)}}$ 是不稳定的. 即: 当 $\dfrac{\mathrm{Re}(q_1)\tau_\epsilon}{\mathrm{Re}(q_2)} < 0$ 时, 系统 (10-2) 存在分支周期解, 如果 $\mathrm{Re}(q_1)\tau_\epsilon > 0$, 该周期解是稳定的, 如果 $\mathrm{Re}(q_1)\tau_\epsilon < 0$, 该周期解是不稳定的.

选择

$$a_1 = -2.5, \quad a_2 = -2, \quad a_3 = 1, \quad a_4 = 1, \quad b_1 = 2,$$

$$b_2 = 2, \quad k_1 = 1, \quad k_2 = 1, \quad l_1 = 1,$$

该组参数满足假设 (H2), 即方程 (6-5) 的所有根都具有严格负实部. 方程 (6-7) 有两个正根: $Z_1 \doteq 0.2504$ 和 $Z_2 \doteq 0.9219$, 因此, 由式 (6-8)—(6-10) 可知

$$\begin{aligned}
&\beta_1 = \sqrt{Z_1} \doteq 0.5004, \quad \tau_1^{(0)} \doteq 11.4960, \quad \mathrm{Re}(\lambda'(\tau_1^{(0)})) < 0,\\
&\beta_2 = \sqrt{Z_2} \doteq 0.9602, \quad \tau_1^{(0)} \doteq 4.7452, \quad \tau_2^{(0)} \doteq 11.2891, \quad \mathrm{Re}(\lambda'(\tau_2^{(k)})) > 0(k = 1, 2).
\end{aligned}$$

选取 $\tau_c = \tau_2^{(0)} \doteq 4.7452$. 此时, 特征方程 (6-3) 有一对纯虚根 $\pm \mathrm{i}\beta = \pm 0.9602\mathrm{i}$, 其他特征根都具有严格负实部. 此时系统 (6-2) 在平凡平衡点处经历 Hopf 分岔. 由式 (6-22) 简单计算可得

$$\mathrm{Re}(q_1) = 0.0276 > 0, \quad \mathrm{Re}(q_2) = 1.1715 > 0,$$

由定理 6.4 可知, 当 $\tau \in [0, \tau_2^{(0)}) = [0, 4.7452)$ 时, 平凡平衡点是局部渐近稳定的, 系统 (6-2) 在 $\tau = \tau_2^{(0)}$ 处经历 Hopf 分岔, 若 $\tau_\epsilon > 0$, 分岔周期解是稳定的. 例如, 选取两组参数值: $\tau = 3$ 和 $\tau = 4.75$(此时, $\tau_\epsilon = 0.0048 > 0$), 初始函数均为 $\varphi(\theta) = [0.01, 0.05, 0.01, 0.05], \theta \in [-\tau, 0]$, 系统 (6-2) 分别具有稳定的平衡点 (见图 6.3) 和稳定的周期解 (见图 6.4), 数值模拟的结果和理论分析结果完全一致.

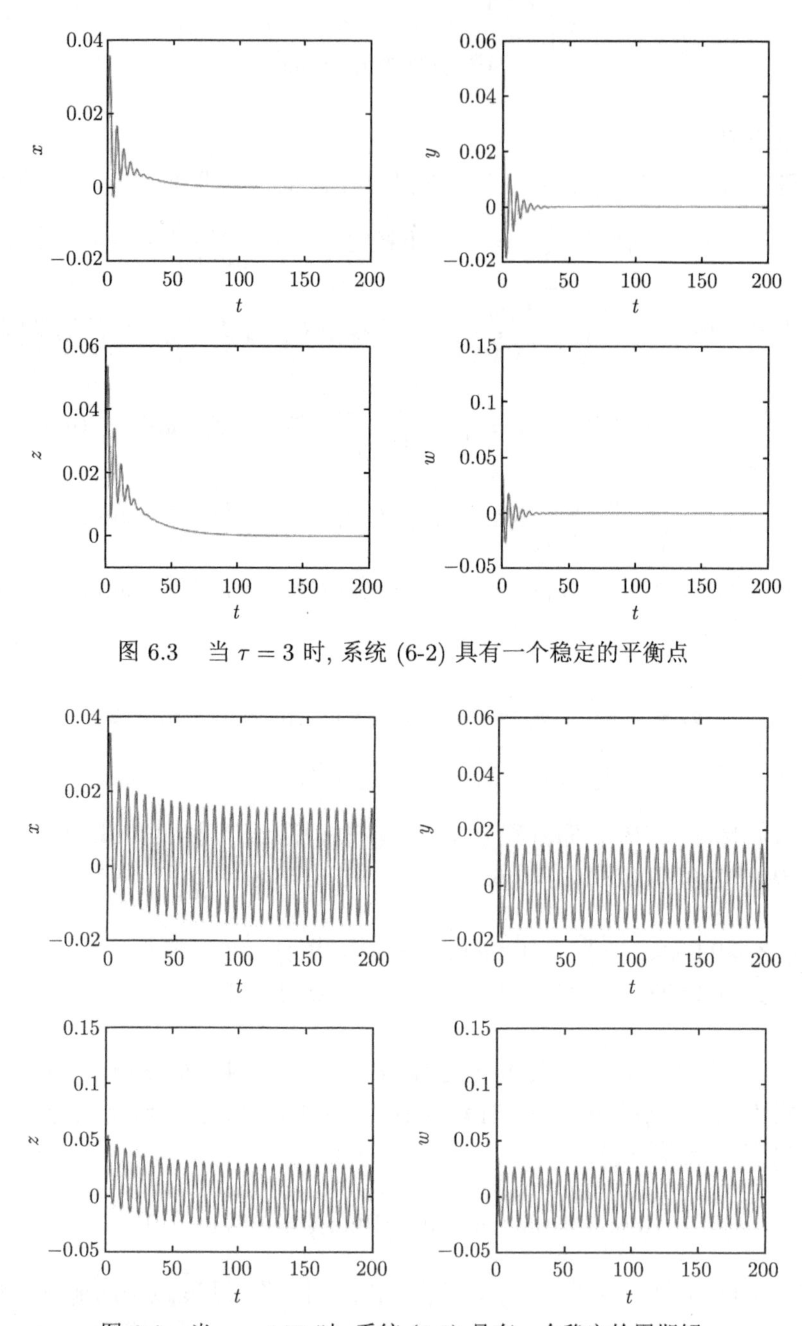

图 6.3　当 $\tau = 3$ 时, 系统 (6-2) 具有一个稳定的平衡点

图 6.4　当 $\tau = 4.75$ 时, 系统 (6-2) 具有一个稳定的周期解

6.5.2　Hopf-pitchfork 分岔分析

考虑 Hopf-zero 分支规范型 (6-21) 的前两个方程, 即

$$\begin{cases} \dfrac{\mathrm{d}r}{\mathrm{d}t} = \mathrm{Re}(\alpha_1)r + \mathrm{Re}(Q_1)r^3 + \mathrm{Re}(Q_2)rv^2, \\ \dfrac{\mathrm{d}v}{\mathrm{d}t} = \alpha_2 v + Q_3 v^3 + Q_4 v r^2. \end{cases} \tag{6-25}$$

令 $\dfrac{\mathrm{d}r}{\mathrm{d}t} = \dfrac{\mathrm{d}v}{\mathrm{d}t} = 0$, 可得方程 (6-25) 的平衡点. 注意到 $E_0 = (r, v) = (0, 0)$ 对应原系统的平凡平衡点, 其他平衡点分别为

$$E_1 = \left(\sqrt{-\frac{\mathrm{Re}(\alpha_1)}{\mathrm{Re}(Q_1)}}, 0\right), \quad \frac{\mathrm{Re}(\alpha_1)}{\mathrm{Re}(Q_1)} < 0,$$

$$E_2^{\pm} = \left(0, \pm\sqrt{-\frac{\alpha_2}{Q_3}}\right), \quad \frac{\alpha_2}{Q_3} < 0,$$

$$E_3^{\pm} = \left(\sqrt{\frac{\alpha_2 \mathrm{Re}(Q_2) - \mathrm{Re}(\alpha_1)Q_3}{\mathrm{Re}(Q_1)Q_3 - \mathrm{Re}(Q_2)Q_4}}, \pm\sqrt{\frac{\mathrm{Re}(\alpha_1)Q_4 - \alpha_2 \mathrm{Re}(Q_1)}{\mathrm{Re}(Q_1)Q_3 - \mathrm{Re}(Q_2)Q_4}}\right),$$

$$\frac{\alpha_2 \mathrm{Re}(Q_2) - \mathrm{Re}(\alpha_1)Q_3}{\mathrm{Re}(Q_1)Q_3 - \mathrm{Re}(Q_2)Q_4} > 0, \quad \frac{\mathrm{Re}(\alpha_1)Q_4 - \alpha_2 \mathrm{Re}(Q_1)}{\mathrm{Re}(Q_1)Q_3 - \mathrm{Re}(Q_2)Q_4} > 0.$$

平凡平衡点在分支临界线 $L_1 : \mathrm{Re}(\alpha_1) = 0$ 和 $L_2 : \alpha_2 = 0$ 分别分支出半平凡平衡点 E_1 和 $E_2^{\pm}$. 非平凡平衡点 $E_3^{\pm}$ 分别在临界线 $L_3 : \mathrm{Re}(\alpha_1)Q_4 - \alpha_2 \mathrm{Re}(Q_1) = 0 \left(\dfrac{\mathrm{Re}(\alpha_1)}{\mathrm{Re}(Q_1)} < 0\right)$ 和 $L_4 : \alpha_2 \mathrm{Re}(Q_2) - \mathrm{Re}(\alpha_1)Q_3 = 0 \left(\dfrac{\alpha_2}{Q_3} < 0\right)$ 与半平凡平衡点 E_1 和 $E_2^{\pm}$ 重合.

在 Hopf-zero 分岔临界点附近, 中心流形上的解决定了原始系统 (6-2) 的解的渐近形态. 对于方程 (6-25), v 轴上的平衡点仍是原系统的平衡点, r 轴上的平衡点对应原系统的周期解. 显然, 当 $k_1 a_1 - a_1 b_1 - b_1 a_3 = 0$, $\tau = \tau_n^{(j)}$ 时, 系统 (6-2) 经历 Hopf-pitchfork 分岔.

为了给出更清晰的分支图, 选取

$$A_1 = -5, \quad A_2 = -3, \quad A_3 = 3, \quad A_4 = 2, \quad B_1 = 2.5,$$

$$B_2 = 1.5, \quad K_1 = 1, \quad L_1 = 1, \quad K_2 = 1,$$

该组参数满足条件 $k_1 a_1 - a_1 b_1 - b_1 a_3 = 0$ 和假设 (H1),(H3a). 在这一组参数值下, 对于 $\tau = 0$, 特征方程 (6-3) 有一个零根、一个负根和一对具有负实部的共轭复根. 方程 (6-11) 有唯一正根 $Z_1 \doteq 1.3020$, 因此, 由式 (6-8)—(6-10) 可得

$$\beta = \sqrt{Z_1} \doteq 1.1410, \quad \tau_1^{(0)} \doteq 3.3365, \quad \mathrm{Re}(\lambda'(\tau_1^{(0)})) > 0.$$

令 $\tau_c = \tau_1^{(0)} \doteq 3.3365$. 此时, 特征方程 (6-3) 有一个零根和一对纯虚根 $\pm i\beta = \pm 1.1410i$, 其他特征根都具有严格负实部. 此时系统 (6-2) 在平凡平衡点处经历 Hopf-pitchfork 分岔. 简单计算可得

$$
\begin{aligned}
&\mathrm{Re}(Q_1) \doteq 0.6736, \quad \mathrm{Re}(Q_2) \doteq 1.1202, \quad Q_3 \doteq 0.8022, \quad Q_4 \doteq 3.2643, \\
&\mathrm{Re}(Q_1)Q_3 - \mathrm{Re}(Q_2)Q_4 < 0, \\
&L_1 : \mathrm{Re}(\alpha_1) \doteq 0.1503k_\epsilon + 0.1088\tau_\epsilon = 0, \\
&L_2 : \alpha_2 \doteq 2607k_\epsilon = 0, \\
&L_3 : \mathrm{Re}(\alpha_1)Q_4 - \alpha_2\mathrm{Re}(Q_1) \doteq 0.3150k_\epsilon + 0.3550\tau_\epsilon = 0, \mathrm{Re}(\alpha_1) < 0, \\
&L_4 : \alpha_2\mathrm{Re}(Q_2) - \mathrm{Re}(\alpha_1)Q_3 \doteq 0.1714k_\epsilon - 0.0872\tau_\epsilon = 0, \alpha_2 < 0.
\end{aligned}
$$

对于上述参数值, 分支临界线为 (见分岔图 6.5):

$$
\begin{aligned}
&L_1 : k_\epsilon = -0.7237\tau_\epsilon, \\
&L_2 : k_\epsilon = 0, \\
&L_3 : k_\epsilon = -1.1271\tau_\epsilon, k_\epsilon < -0.7237\tau_\epsilon, \\
&L_4 : b_\epsilon = 0.5090\tau_\epsilon, k_\epsilon < 0.
\end{aligned}
$$

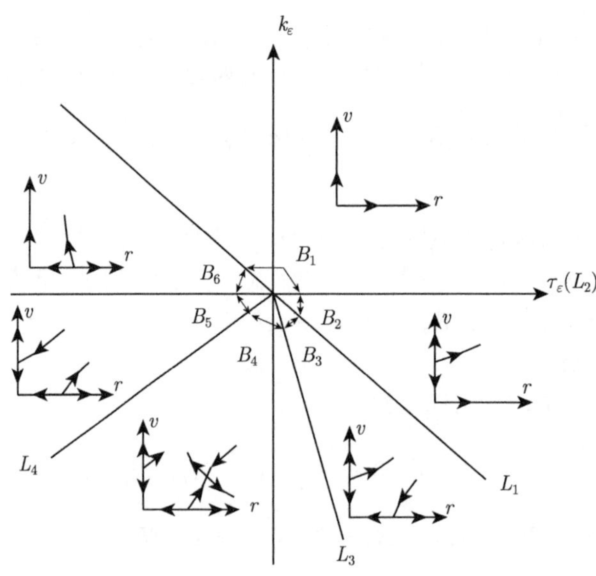

图 6.5 分岔临界点 (τ_c, k_c) 附近, $(\tau_\varepsilon, k_\varepsilon)$ 参数平面的分岔线及 (r, v) 平面的相图

图 6.5 给出了临界点 (τ_c, k_c) 附近的 $(\tau_\epsilon, k_\epsilon)$ 参数平面上的分支临界线及 (r, v) 平面的相图, 分支图 6-5 的原点为 Hopf-pitchfork 临界点. 该图给出了原始系统 (10-2) 在平凡平衡点 $(0, 0, 0, 0)$ 附近的分岔行为. 分岔边界将 $(\tau_\epsilon, k_\epsilon)$ 参数平面

分为了六个区域, 从相图可知, 轨道关于 r 轴对称, 因此, 我们只给出第一象限的相图.

图 6.5 描述了系统 (6-2) 的分岔性质, 这里我们按照顺时针方向, 从区域 B_1 开始, 再到 B_1 结束来描述该系统的分岔性质. 首先, 在区域 B_1, 只有一个平凡平衡点 (源点). 当参数从区域 B_1 穿过临界线 $L_2(\tau_\epsilon$ 轴) 变到区域 B_2 时, 平凡平衡点变为鞍点, 平凡解经历 pitchfork 分岔, 从而分岔出一对不稳定平衡点 (源点, 记为 $E_2^{\pm}$). 当参数从区域 B_2 变化到区域 B_3 时, 由于 Hopf 分岔从平凡解分岔出不稳定的周期解 (鞍解, 记为 E_1), 平凡解从鞍点变为渊点. 在区域 B_4, 由于 pitchfork 分岔, 从 E_1 分岔出一对不稳定的周期解 (鞍解, 记为 $E_3^{\pm}$), E_1 由鞍解变为源解. 当参数进一步变化从区域 B_4 穿过临界线 L_4 到区域 B_5, 周期解 $E_3^{\pm}$ 与半平凡平衡解 $E_2^{\pm}$ 相撞消失, $E_2^{\pm}$ 变为鞍解. 当参数进一步变化从区域 B_5 穿过临界线 L_2 到区域 B_6, 半平凡平衡解 $E_2^{\pm}$ 与平凡平衡点相撞消失, 平凡平衡点由渊点变为鞍点. 最后, 当参数从区域 B_6 穿过临界线 L_1 变化到区域 B_1, 半平凡平衡点 E_1 与平凡平衡点相撞消失, 平凡平衡点由鞍点变为源点.

仍选择上述参数值: $a_1 = -5$, $a_2 = -3$, $a_3 = 3$, $a_4 = 2$, $b_1 = 2.5$, $b_2 = 1.5$, $k_1 = 1$, $k_2 = 1$, $l_1 = 1$, 选取分岔临界参数值 $k_{1c} = 1$, $\tau_c = 3.3365$, 系统 (10-2) 在平凡平衡点经历 Hopf-pitchfork 分岔. 由分岔图 6-5 可知, 在区域 B_3, B_4 和 B_5, 系统 (6-2) 存在稳定平衡点. 例如: 选取一组扰动参数值: $(\tau_\epsilon, k_\epsilon) = (-0.1, -0.1)$, 初始函数为 $\varphi(\theta) = [0.01, 0.05, 0.01, 0.05], \theta \in [-\tau, 0]$, 该组参数属于区域 B_4, 系统 (6-2) 具有一个稳定平衡点 (见图 6.6). 数值模拟的结果和理论分析完全一致.

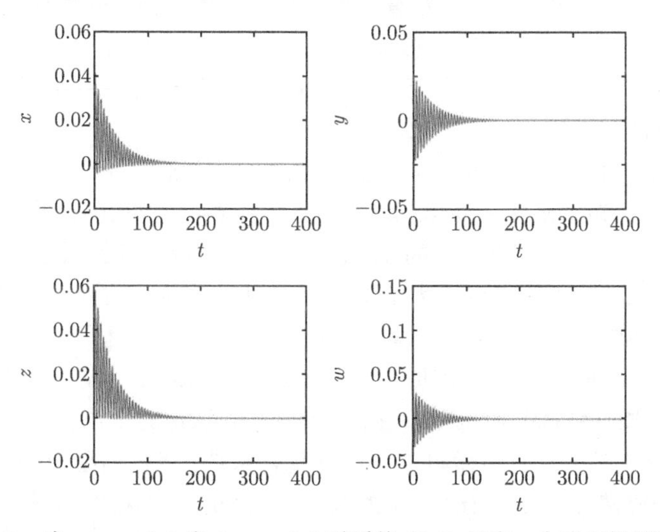

图 6.6　当 $\tau_\epsilon = -0.1$ 和 $k_\epsilon = -0.1$ 时系统 (6-2) 具有一个稳定的平衡点

规范型 (6-20) 只能描述 Hopf-pitchfork 分岔临界点附近的局部动力学性质, 我们关心稳定的平衡解能否在开折参数的大范围存在. 因此, 我们给出 $\tau_\epsilon = k_\epsilon \in (-3.3365, 0)$ 时的分岔图, 该参数属于区域 B_4(见图 6.7, 这里纵坐标为在 x 轴的解的极大值).

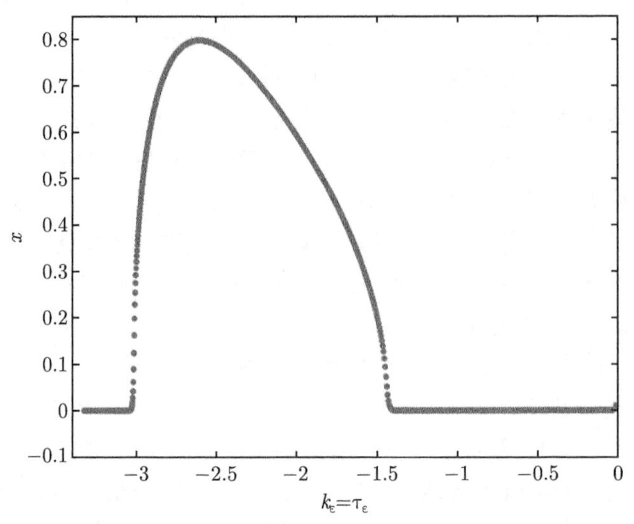

图 6.7 当 $\tau_\epsilon = k_\epsilon \in (-3.3365, 0)$ 时系统 (6-2) 的分岔图

该分岔图由 Matlab 软件模拟, 描述了随着开折参数的增加, 系统 (6-2) 在 x 轴方向解的最大值. 模拟发现, 随着开折参数的增加, 开折参数在区域 B_4 远离分支临界点, 稳定的平衡点可以大范围存在. 随后, 系统 (6-2) 出现全局存在的稳定的周期解, 该周期解振幅逐渐增大, 然后再减小, 直到振幅减小到零, 系统 (6-2) 再次出现稳定的平衡点.

注释 6.2 Hopf-pitchfork 分岔参数: $k_1 = k_{1c} + k_\epsilon$, $\tau = \tau_c + \tau_\epsilon$, 其中, $k_{1c} = 1$, $\tau_c = 3.3365$. 为了确保 $\tau \geqslant 0$, 我们选取 $\tau_\epsilon \in (-3.3365, 0)$. 事实上, 一方面在 Hopf-pitchfork 分岔临界点附近的 B_4 区域, 随着开折参数的减小, 开折参数远离分岔临界点, 稳定的平衡点可以大范围存在, 随后, 系统 (6-2) 经历 Hopf 分岔. 另一方面, 在上述参数值下, $\tau_\epsilon = k_\epsilon = -3.3365$, 系统 (6-2) 具有一个稳定的平衡点, 随着时滞 τ 和反馈参数 k_1 的增加, 系统 (6-2) 经历 Hopf 分岔, 由 Hopf 分岔产生的两族稳定的周期解随着时滞的变化, 汇合成一族稳定的全局存在的周期解.

注释 6.3 对于具时滞微机电非线性耦合系统, 我们需要有效地控制反馈强度 k_1 和反馈时滞 τ. 方程 (6-2) 中的 x 和 z 是旋转角速度, y 和 w 是转速, 我们期望这些变量能够以一种稳定的状态 (稳定的平衡点或稳定的周期解) 变化. 否则, 旋转机械的扭转振动会影响正常工作, 甚至损坏设备. 事实上, 按照上述理论分析, 通过调节系统的控制参数, 可以将该系统控制到新的稳定状态, 并且可以具体给出系统具有稳定平衡态或稳定周期态的参数取值范围. 因此, 按照上述的理论分析, 我们可以选取适当的控制参数来实现控制微机电非线性耦合系统的各类应用. 本章提出的控制方法对于解决实际问题是一种有效的控制方法.

第 7 章 传送带摩擦系统的建模及延迟反馈控制分析

7.1 研究背景

摩擦自激振动在许多领域都很常见, 如数控机床、机械、航天和机电系统等. 研究人员已经确定了摩擦驱动振动的三种主要机制. 摩擦诱发振动的主要原因之一是速度衰减特性, 也称为斯特里贝克效应 (Stribeck Effect). 另外两个被广泛研究的机制模型是耦合模型和楔块滑移失稳模型 [122,123]. 在大多数系统中, 摩擦引起的振动是不可接受的. 摩擦常常导致位移偏移, 导致自激振荡所需的位置变化. Saha 等人 [124] 对一个代表单自由度摩擦诱导系统的试验装置进行了实验研究, 揭示了系统摩擦失稳的分岔性质. Verasztо 和 Stepan[125] 同时考虑了上述单自由度非线性力学模型, 研究了连续系统和数字系统的稳定性和分岔特性. 因此, 在过去的几年中, 我们可以更好地理解这些现象, 并开发有效的方法来控制这种振荡. 许多文献研究了控制摩擦引起的振动问题 [126-128]. 文献 [129—133] 提出了各种主动控制振动和被动控制振动的方法.

虽然延迟反馈控制 (DFC) 方法已被引入有二十年了 [134], 但它仍然是非线性应用科学中最有效的方法之一. 首先, 延迟反馈控制是一种将不稳定周期轨稳定化并在实验中可见的方法. 然后, 学者们将此方法推广到将不稳定平衡点稳定化, 甚至使系统在不稳定平衡点附近出现稳定的周期解. 他们可以通过选择适当的反馈控制参数来将系统控制成为稳定的状态 [135,136]. 非线性时滞微分方程可以揭示许多复杂的动力学行为以及分岔现象, 作为一种非常重要的动力学现象, 随着一个或者多个参数的变化, 该系统可以展现丰富的动力行为 [137-142].

节能已成为工业生产中保护生态环境的重要指标. 由于木材具有优异的隔热性和可再生性, 木材已经成为世界上应用最广泛的工程材料之一, 如何利用新技术来节约现有的木材资源, 已成为许多学者开始关注的问题. 刨花板是由实木制品制成的辅助产品, 它的原材料可以用木屑, 甚至锯末、刨花合成树脂或其他合适的粘合剂通过压制和挤压制成. 刨花板是木材工业的主要产品之一, 它被广泛用于建筑和家具行业.

刨花板施胶系统的结构图如图 7.1 所示, 由原胶供给装置 (左上方)、刨花供给装置 (右上部分) 和混合装置 (下半部分) 构成. 刨花板施胶过程如下. 首先称重传感器 A 测量原胶的重量, 然后原胶通过阀门 A 和管道 A 进入混合装置, 其流速由泵的转速决定. 同时通过螺旋仓将刨花放在皮带上, 利用称重传感器 B 和螺旋编码器测量刨花在皮带上的重量和皮带的速度. 皮带上的刨花通过皮带和螺旋输送机被输送到刨花入口. 最后, 在混合装置中将胶液和刨花充分搅拌.

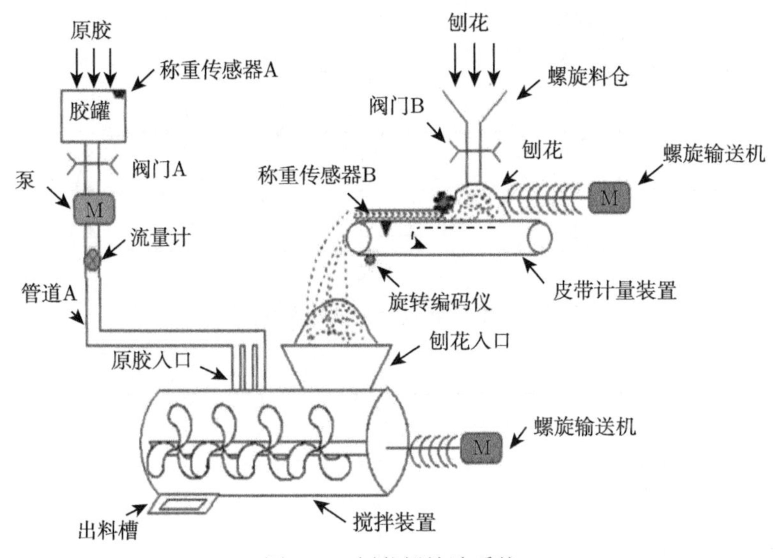

图 7.1 刨花板施胶系统

本章结构安排如下. 首先基于原有的摩擦驱动振动模型, 建立刨花板施胶过程的传送带摩擦驱动模型. 接着考虑该系统在两种不同控制方法下的受控系统的平衡点的稳定性和 Hopf 分岔的存在性. 进一步分析 Hopf 分岔方向与中心流形上的分岔周期解的稳定性. 最后给了两个具体实例分析了上述分岔现象.

7.2 数学建模

图 7.2 是速度衰减引起摩擦振动的标准力学摩擦模型的示意图.

弹性构件由单自由度机械振动装置表示, 这里物体 M 由固定支架上刚度为 K 的弹簧悬挂起来. 物体被放置在以恒定速度 V_b 运动的传送带上. 控制力 F_c 和摩擦力 F 沿滑动方向前进. 当主要目标是分析控制系统的稳定作用时, 因为结构阻尼总是改善稳定性条件, 尽管在任何结构体系中都存在一些结构阻尼, 无论大小, 所以在机械建模中其影响都可以忽略不计. X 是 t 时刻物质的位移, 则系统的运动方程可以描述为如下形式 [131,138,140]:

$$M\ddot{X} + KX = F(V_b - \dot{X}) + F_c, \tag{7-1}$$

这里导数表示关于时间 t 的导数.

物体和传送带之间的摩擦驱动力 (F) 遵循速度减弱特性 (见图 7.3).

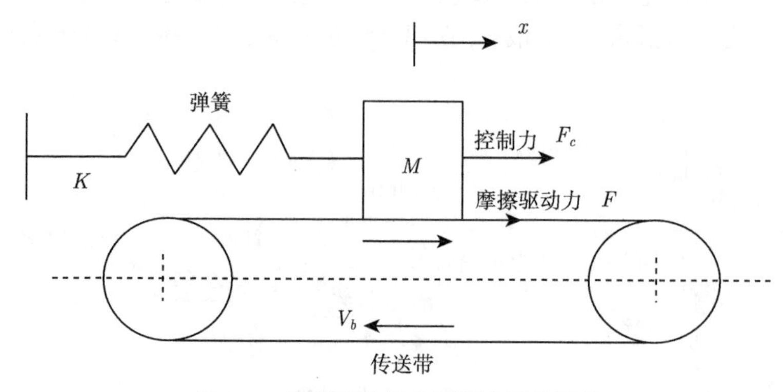

图 7.2 摩擦驱动振动的谐波振子模型

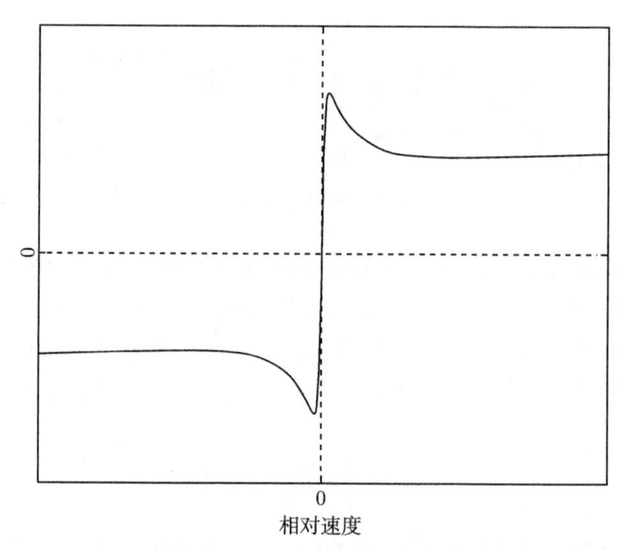

图 7.3 典型的减速摩擦特性

很多文献中已经提出了各种各样的函数形式来表达摩擦力对速度的典型依赖关系. 数学上更容易接受三阶项以下的多项式表示, 这种表示在文献中也被广泛应用. 然而, 本节考虑了 Hinrichs 等人 [143] 提出的具有指数速度衰减特性的摩擦受迫模型. 与多项式模型相比, 指数模型可以很好地解释在许多摩擦驱动系统实验观测到的复杂动力学现象 [144]. 方程 (7-1) 的摩擦受迫的实验模型如下:

$$F(v_{rel}) = c^* v_{rel} + N_0(\mu + \Delta\mu e^{-a^*|v_{rel}|})\text{Sign}(\beta^* v_{rel}), \tag{7-2}$$

这里, $v_{rel} = V_b - \dot{X}$ 是相对速度, c^* 是摩擦力的粘性分力, μ 是最小动摩擦系数, $\Delta\mu$ 是静摩擦系数与最小值之差的动摩擦系数, N_0 是正常负载, a^* 是确定在低速范围内摩擦速度曲线的斜率的模型参数, $\mathrm{Sign}(\beta^* v_{rel})$ 是关于连续函数的符号函数, 其中 $\beta^* \gg 1$.

方程 (7-1) 有多种诸如时滞反馈、位移反馈、速度反馈的控制方法 F_c, 例如文献 [131, 140—142] 中给出如下的几种控制方法:

$$\begin{cases} F_{c1} = k_1^* X(t-\tau^*), \\ F_{c2} = k_2^* X(t-\tau^*) + k_3^* \dot{X}(t-\tau^*). \end{cases} \tag{7-3}$$

刨花板施胶系统的结构如图 7.1 所示. 在刨花提供装置 (见图 7.1 右上部分), 称重传感器 B 和螺旋编码仪分别用来测量传送带上的刨花的重量和传送带的速度, 传送带上的刨花由传送带和螺旋输送机传送到刨花入口. 和传统的谐波振子的摩擦驱动传送带模型 (7-1)(见图 7.2) 相比, 该系统没有弹簧装置, 其主要作用是将刨花运送到混合装置入口. 因此, 刨花提供装置的摩擦驱动的传送带模型见图 7.4 所示.

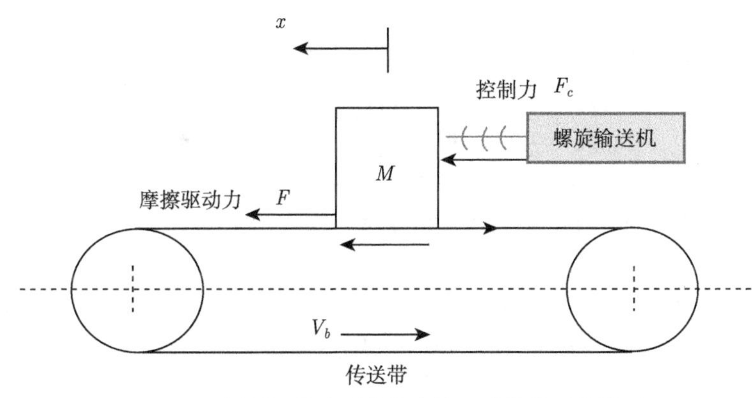

图 7.4 刨花板施胶系统的摩擦驱动的传送带模型

刨花提供装置的摩擦驱动传送带模型如下:

$$M\ddot{X} = F(V_b - \dot{X}) + F_c. \tag{7-4}$$

事实上, 由于在移动传送带上没有弹簧, 刨花的速度总是小于传送带的速度, 所以摩擦力 F 始终是正的, 速度 $\dot{X}$ 总是小于滑动速度 V, 因此有 $v_{rel} = V_b - \dot{X} \geqslant 0$, 故

$$F(V_b - \dot{X}) = c^*(V_b - \dot{X}) + N_0(\mu + \Delta\mu e^{-a^*(V_b - \dot{X})}).$$

于是, 我们只需要考虑图 7.3 中的相对滑动速度 $V_b - \dot{X}$ 的正半部分. 螺旋输送机作用在刨花上的控制力为 F, 如果没有控制驱动力 F, 传送带将无法输送刨花,

也就是刨花不能随着传送运动而运动. 接下来, 我们将考虑方程 (7-4) 的动力学性质.

7.3 平衡点的稳定性及 Hopf 分岔存在性

这一节, 我们首先考虑不具有控制项 F_c 的系统 (7-4), 即

$$M\ddot{X} = F(V_b - \dot{X}),$$

其中, $F(V_b - \dot{X}) = c^*(V_b - \dot{X}) + N_0(\mu + \Delta\mu e^{-a^*(V_b - \dot{X})})$. 这里,

$$M\ddot{X} = c^*(V_b - \dot{X}) + N_0(\mu + \Delta\mu e^{-a^*(V_b - \dot{X})}).$$

令 $Y = \dfrac{MX}{N_0}$, 则有如下形式:

$$\ddot{Y} = f(v_0 - \dot{Y}), \tag{7-5}$$

这 $f(v_0 - \dot{Y}) = c(v_0 - \dot{Y}) + \mu + \Delta\mu \mathrm{e}^{-av_0} e^{a\dot{Y}}$, 其中,

$$c = \frac{c^*}{M}, \quad v_0 = \frac{MV_b}{N_0}, \quad a = \frac{N_0 a^*}{M}.$$

令 $Y = x, \dot{Y} = y$, 则方程 (7-5) 可写为

$$\begin{cases} \dot{x} = y, \\ \dot{y} = c(v_0 - \dot{Y}) + \mu + \Delta\mu e^{-av_0} e^{ay}, \end{cases} \tag{7-6}$$

注意到 $\mu > 0$, $\Delta\mu e^{-av_0} > 0$ 以及 $\lim\limits_{t\to+\infty} x(t) = +\infty$, 由比较定理容易证明系统 (7-6) 的解是不稳定的. 因此需要选择适当的控制方法将系统 (7-6) 控制为稳定的状态.

情形 1 时滞反馈控制 $F_{c1} = k_1^* X(t - \tau^*)$.

考虑具有时滞反馈控制项 $F_c = F_{c1} = k_1^* X(t - \tau^*)$ 的方程 (7-4). 令 $x = \dfrac{MX}{N_0}$, $y = \dot{x}$, 得到如下方程:

$$\begin{cases} \dot{x} = y, \\ \dot{y} = c(v_0 - y) + \mu + \Delta\mu e^{-av_0} e^{ay} + k_1 x(t - \tau), \end{cases} \tag{7-7}$$

其中, $k_1 = \dfrac{k_1^*}{M}$. 方程 (7-7) 具有唯一平衡点

$$E_1^* = (x_1^*, y_1^*) = \left(-\frac{cv_0 + \mu + \Delta\mu e^{-av_0}}{k_1}, 0\right).$$

方程 (7-7) 在 E_1^* 点的特征方程如下:

$$\lambda^2 + (c - \Delta\mu a e^{-av_0})\lambda - k_1 e^{-\lambda\tau} = 0, \tag{7-8}$$

当 $\tau = 0$ 时, 方程 (7-8) 为

$$\lambda^2 + (c - \Delta\mu a e^{-av_0})\lambda - k_1 = 0. \tag{7-9}$$

我们给出如下假设:

(H1) $$k_1 < 0, \quad c - \Delta\mu a e^{-av_0} > 0,$$

在假设 (H1) 下, 方程 (7-9) 的所有特征根都具有严格负实部, 因此当 $\tau = 0$ 时, 平衡点 E_1^* 局部渐近稳定.

注释 7.1 注意到假设 (H1) 中的第二个不等式条件是与控制参数无关的物理条件, 该条件对于实际参数自然成立. 这里为了从数学角度说明稳定性问题, 我们仍然把该条件给出.

为了找寻可能的从 Hopf 分岔产生的周期解, 令 $\lambda = \mathrm{i}\omega$ ($\mathrm{i}^2 = -1, \omega > 0$) 是方程 (7-8) 的根. 将 $\lambda = \mathrm{i}\omega$ 代入 (7-8) 中, 分离实虚部,

$$\begin{cases} \omega^2 = -k_1 \cos(\omega\tau), \\ c - \Delta\mu a e^{-av_0} = -k_1 \sin(\omega\tau), \end{cases} \tag{7-10}$$

令 $Z = \omega^2$. 由式 (7-10) 可得

$$h(Z) := Z^2 + (c - \Delta\mu a e^{-av_0})^2 Z + k_1^2 = 0. \tag{7-11}$$

方程 (7-11) 具有唯一的正实根

$$Z_1 = -\frac{1}{2}(c - \Delta\mu a e^{-av_0})^2 + \frac{1}{2}\sqrt{(c - \Delta\mu a e^{-av_0})^4 + 4k_1^2},$$

因此, $\omega_1 = \sqrt{Z_1}$. 由方程 (7-10) 可得

$$\begin{cases} P_1 := \cos(\omega_1\tau) = -\dfrac{\omega_1^2}{k_1}, \\ Q_1 := \sin(\omega_1\tau) = \dfrac{(\Delta\mu a e^{-av_0} - c)\omega_1}{k_1}, \end{cases} \tag{7-12}$$

由式 (7-12) 可以确定时滞 τ:

$$\tau_1^{(j)} = \begin{cases} \dfrac{1}{\omega_1}[\arccos(P_1) + 2j\pi], & Q_1 \geqslant 0, \\ \dfrac{1}{\omega_1}[2\pi - \arccos(P_1) + 2j\pi], & Q_1 < 0, \end{cases} \tag{7-13}$$

其中, $j = 0, 1, 2, \cdots$.

令 $\lambda(\tau) = \alpha(\tau) + \mathrm{i}\omega(\tau)$ 是方程 (7-8) 满足

$$\alpha(\tau_1^{(j)}) = 0, \quad \omega(\tau_1^{(j)}) = \omega_1, \quad j = 0, 1, 2, \cdots$$

的根. 从而解得横截条件

$$\mathrm{Sign}\left[\mathrm{Re}\left(\frac{\mathrm{d}\lambda}{\mathrm{d}\tau_1^{(j)}}\right)^{-1}\right] = \mathrm{Sign}\left[\frac{(c - \Delta\mu a e^{-av_0})^2 + 2\omega_1^2}{k_1^2}\right] > 0, \tag{7-14}$$

其中, $j = 0, 1, 2, \cdots$.

结合上述结果, 我们有如下定理.

定理 7.1　当 $\tau = \tau_1^{(j)} (j = 0, 1, 2, \cdots)$ 时, 系统 (7-7) 经历 Hopf 分岔, 其中, $\tau_1^{(j)}$ 由式 (7-13) 给出. 如果假设 (H1) 成立, 当 $\tau \in [0, \tau_1^{(0)})$ 时, 方程 (7-8) 的所有根具有负实部. 当 $\tau \in [0, \tau_1^{(0)})$ 时, 平衡点 E_1^* 是局部渐近稳定的; 当 $\tau > \tau_1^{(0)}$ 时, 平衡点 E_1^* 是不稳定的.

情形 2　时滞反馈控制 $F_{c2} = k_2^* X(t - \tau^*) + k_3^* \dot{X}(t - \tau^*)$.

考虑具有时滞反馈控制项 $F_c = F_{c2} = k_2^* X(t - \tau^*) + k_3^* \dot{X}(t - \tau^*)$ 的方程 (7-4), 令 $x = \dfrac{MX}{N_0}$, $y = \dot{x}$, 从而得到如下方程

$$\begin{cases} \dot{x} = y, \\ \dot{y} = c(v_0 - y) + \mu + \Delta\mu e^{-av_0} e^{ay} + k_2 x(t - \tau) + k_3 y(t - \tau), \end{cases} \tag{7-15}$$

其中, $k_2 = \dfrac{k_2^*}{M}$, $k_3 = \dfrac{k_3^*}{M}$. 方程 (7-15) 有唯一平衡点

$$E_2^* = (x_2^*, y_2^*) = \left(-\frac{cv_0 + \mu + \Delta\mu e^{-av_0}}{k_2}, 0\right).$$

系统 (7-15) 在 E_2^* 处的特征方程如下:

$$\lambda^2 + (c - \Delta\mu a e^{-av_0})\lambda - k_3 e^{-\lambda\tau}\lambda - k_2 e^{-\lambda\tau} = 0. \tag{7-16}$$

当 $\tau=0$ 时, 方程 (7-16) 可写为

$$\lambda^2+(c-\Delta\mu a e^{-av_0}k_3)\lambda-k_2=0. \tag{7-17}$$

我们给出如下假设:

(H2) $\quad k_2<0,\quad c-\Delta\mu a e^{-av_0}-k_3>0,$

则在假设条件 (H2) 下, 方程 (7-17) 的所有根具有负实部, 当 $\tau=0$ 时, 平衡点 E_2^* 是局部渐近稳定的.

为了找寻可能的从 Hopf 分岔产生的周期解, 令 $\lambda=\mathrm{i}\omega$ ($\mathrm{i}^2=-1,\omega>0$) 是方程 (7-16) 的根. 将 $\lambda=\mathrm{i}\omega$ 代入式 (7-16) 中, 分离实虚部,

$$\begin{cases}\omega^2=-k_3\omega\sin(\omega\tau)-k_2\cos(\omega\tau),\\(c-\Delta\mu a e^{-av_0})\omega=k_3\omega\cos(\omega\tau)-k_2\sin(\omega\tau),\end{cases} \tag{7-18}$$

令 $Z=\omega^2$. 由式 (7-18) 可得

$$h(Z):=Z^2+[(c-\Delta\mu a e^{-av_0})^2-k_3^2]Z-k_2^2=0, \tag{7-19}$$

方程 (7-19) 具有唯一的正实根

$$Z_2=-\frac{1}{2}[(c-\Delta\mu a e^{-av_0})^2-k_3^2]+\frac{1}{2}\sqrt{[(c-\Delta\mu a e^{-av_0})^2-k_3^2]^2+4k_2^2},$$

因此, $\omega_2=\sqrt{Z_2}$. 由方程 (7-18) 可得

$$\begin{cases}P_2:=\cos(\omega_2\tau)=\dfrac{k_3\omega_2^2(c-\Delta\mu a e^{-av_0})-k_2\omega_2^2}{k_3^2\omega_2^2+k_2^2},\\[2ex]Q_2:=\sin(\omega_2\tau)=-\dfrac{k_3\omega_2^3+k_2\omega_2(c-\Delta\mu a e^{-av_0})}{k_3^2\omega_2^2+k_2^2},\end{cases} \tag{7-20}$$

由式 (7-20) 可以确定时滞 τ:

$$\tau_2^{(j)}=\begin{cases}\dfrac{1}{\omega_2}[\arccos(P_2)+2j\pi], & Q_2\geqslant 0,\\[2ex]\dfrac{1}{\omega_2}[2\pi-\arccos(P_2)+2j\pi], & Q_2<0,\end{cases} \tag{7-21}$$

其中, $j=0,1,2,\cdots$.

令 $\lambda(\tau)=\alpha(\tau)+\mathrm{i}\omega(\tau)$ 是方程 (7-16) 满足

$$\alpha(\tau_2^{(j)})=0,\quad \omega(\tau_2^{(j)})=\omega_2,\quad j=0,1,2,\cdots$$

的根. 从而解得横截条件

$$
\begin{aligned}
&\text{Sign}\left[\text{Re}\left(\frac{\mathrm{d}\lambda}{\mathrm{d}\tau_2^{(j)}}\right)^{-1}\right] \\
=&\text{Sign}\left[\frac{\omega_2^2[2\omega_2^2+(c-\Delta\mu a e^{-av_0})^2-k_3^2]}{k_3^2\omega_2^4+k_2^2\omega_2^2}\right]=\text{Sign}\left[\frac{h_2'(Z_2)}{k_3^2\omega_2^4+k_2^2\omega_2^2}\right]>0,
\end{aligned}
\tag{7-22}
$$

其中, $j=0,1,2,\cdots$.

结合上述结果, 我们有如下定理.

定理 7.2　当 $\tau=\tau_2^{(j)}(j=0,1,2,\cdots)$ 时, 系统 (7-15) 经历 Hopf 分岔, 其中, $\tau_2^{(j)}$ 由式 (7-21) 给出. 如果假设 (H2) 成立, 当 $\tau\in[0,\tau_2^{(0)})$ 时, 方程 (7-16) 的所有根具有负实部. 当 $\tau\in[0,\tau_2^{(0)})$ 时, 平衡点 E_2^* 是局部渐近稳定的. 当 $\tau>\tau_2^{(0)}$ 时, 平衡点 E_2^* 是不稳定的.

定理 7.1 和定理 7.2 表明, 当我们选取恰当的控制方法和控制参数时, 时滞反馈控制方法是一种将摩擦驱动模型 (7-5) 稳定化的有效方法. 事实上, 我们还能将这两类控制方法推广到一般的连续的微分方程中, 我们只需要类似地计算临界时滞方程 (7-13) 和方程 (7-21), 从而根据 $\tau=0$ 时平衡点的稳定性及横截条件确定平衡点的稳定区域.

7.4　Hopf 分岔的稳定性及分岔方向

在这一节, 我们利用规范型理论和中心流形方法导出确定 Hopf 分岔方向和稳定性的公式. 事实上, 控制驱动力 F_{c1} 是 F_{c2} 的一种特殊情形. 通过分别计算两类规范型, 我们发现当 $k_3=0$ 时情形 2 就是情形 1, 因此, 我们只给出方程 (7-15) 的计算过程, 对于方程 (7-7) 的计算过程可以类似求解.

7.4.1　方程 (7-15) 的 Hopf 分岔分析

在这一节, 我们考虑反馈控制方法, 即具有反馈控制

$$F_c=F_{c2}=k_2^*X(t-\tau^*)+k_3^*\dot{X}(t-\tau^*)$$

的方程 (7-4). 不失一般性, 定义临界值 $\tau=\tau^*$, 此时系统 (7-15) 在平衡点 (x_1^*,y_1^*) 处经历 Hopf 分岔. 首先令 $\hat{x}=x-x_1^*$, $\hat{y}=y-y_1^*$, $\mu=\tau-\tau^*$, 选取时间尺度变换 $t\mapsto\left(\dfrac{t}{\tau}\right)$, 从而系统 (7-15) 可以被写为

$$\dot{X}(t)=L_\mu(X_t)+f(\mu,X_t),\tag{7-23}$$

其中, $X(t) = (\hat{x}(t), \hat{y}(t))^{\mathrm{T}} \in R^2$, $L_\mu : C \to R$, $f : R \times C \mapsto R$, 这里,

$$\varphi = (\varphi_1, \varphi_2)^{\mathrm{T}} \in C([-1, 0], R^2),$$

$$L_\mu \varphi = (\tau^* + \mu) N_1 \varphi(0) + (\tau^* + \mu) N_2 \varphi(-1),$$

其中,

$$N_1 = \begin{pmatrix} 0 & 1 \\ 0 & \Delta\mu a e^{-av_0} - c \end{pmatrix}, \quad N_2 = \begin{pmatrix} 0 & 0 \\ k_2 & k_3 \end{pmatrix},$$

$$\begin{aligned} f(\mu, \varphi) &= (\tau^* + \mu) \begin{pmatrix} 0 \\ \Delta\mu e^{-av_0}(e^{ay} - 1 - ay) \end{pmatrix} \\ &= (\tau^* + \mu) \begin{pmatrix} 0 \\ \Delta\mu e^{-av_0} \left(\dfrac{1}{2} a^2 y^2 + \dfrac{1}{6} a^3 y^3 + \cdots \right) \end{pmatrix}. \end{aligned}$$

由 Riesz 表示定理, 存在有界变差函数 $\eta(\theta, \mu)(\theta \in [-1, 0])$ 使得

$$L_\mu \varphi = \int_{-1}^{0} \mathrm{d}\eta(\theta, \mu) \varphi(\theta), \quad \varphi \in C.$$

事实上, 选取

$$\eta(\theta, \mu) = \begin{cases} N_1, & \theta = 0, \\ 0, & \theta \in (-1, 0), \\ -N_2, & \theta = -1, \end{cases}$$

对于 $\varphi \in C^1([-1, 0], R^2)$, 定义

$$A(\mu)\varphi = \begin{cases} \mathrm{d}\varphi(\theta)/\mathrm{d}\theta, & \theta \in [-1, 0), \\ \displaystyle\int_{-1}^{0} \mathrm{d}\eta(t, \mu)\varphi(t), & \theta = 0, \end{cases}$$

$$R(\mu)\varphi = \begin{cases} 0, & \theta \in [-1, 0), \\ f(\mu, \varphi), & \theta = 0. \end{cases}$$

因此, 方程 (7-23) 可写成如下形式:

$$u_t' = A(\mu) u_t + R(\mu) u_t, \tag{7-24}$$

其中 $u = (\hat{x}, \hat{y})^{\mathrm{T}}$, $u_t = u(t + \theta)(\theta \in [-1, 0])$.

对于 $\psi \in C^1([0,1],R^3)$, 定义

$$A^*\psi(s) = \begin{cases} -\mathrm{d}\psi(s)/\mathrm{d}s, & s \in (0,1], \\ \int_{-1}^{0} \psi(-t)\mathrm{d}\eta(t,0), & s = 0. \end{cases}$$

对于 $\varphi \in C[-1,0]$ 和 $\psi \in C[0,1]$, 定义双线性形式

$$\langle \psi, \varphi \rangle = \overline{\psi}(0)\varphi(0) - \int_{-1}^{0}\int_{\xi=0}^{\theta} \overline{\psi}(\xi-\theta)\mathrm{d}\eta(\theta)\varphi(\xi)\mathrm{d}\xi,$$

其中 $\eta(\theta) = \eta(\theta,0)$. A^* 和 $A(0)$ 是伴随算子, $\pm \mathrm{i}\omega_2\tau^*$ 是 $A(0)$ 的特征值, 从而也是 A^* 的特征值. 我们有

$$q(\theta) = (1, \mathrm{i}\omega_2)^{\mathrm{T}} e^{\mathrm{i}\omega_2\tau^*\theta}(\theta \in [-1,0]), \quad q^*(s) = D_2\left(1, -\frac{\mathrm{i}\omega_2}{k_2 e^{\mathrm{i}\omega_2\tau^*}}\right) e^{\mathrm{i}\omega_2\tau^* s}(s \in [0,1])$$

是 $A(0)$ 和 A^* 的对应特征值 $\mathrm{i}\omega_2\tau^*$ 和 $-\mathrm{i}\omega_2\tau^*$ 的特征向量, 这里,

$$D_2 = \frac{k_2}{k_2 - \omega_2^2 e^{-\mathrm{i}\omega_2\tau^*} - \tau^*\mathrm{i}\omega_2 - \tau^*\omega_2^2 k_3},$$

使得 $\langle q^*(s), q(\theta)\rangle = 1$, $\langle q^*(s), \bar{q}(\theta)\rangle = 0$.

令 u_t 是方程 (7-24) 当 $\mu = 0$ 时的解, 定义

$$z(t) = \langle q^*, u_t \rangle,$$

$$w(t,\theta) = u_t(\theta) - 2\mathrm{Re}\{z(t)q(\theta)\},$$

对应解 $u_t \in C_0$ (C_0 是中心流形), 在中心流形上, 我们有

$$w(t,\theta) = w(z(t), \bar{z}(t), \theta),$$

其中

$$w(z,\bar{z},\theta) = w_{20}(\theta)\frac{z^2}{2} + w_{11}(\theta)z\bar{z} + w_{02}(\theta)\frac{\bar{z}^2}{2} + \cdots.$$

z 和 $\bar{z}$ 是中心流形在方向 q^* 和 $\overline{q^*}$ 上的局部坐标. 若 u_t 是实的, 则 w 是实的. 这里只考虑实数解.

对于方程 (7-23) 在中心流形上的解 x_t, 由于 $\mu = 0$,

$$z'(t) = \mathrm{i}\omega_2\tau^* z + \langle q^*(\theta), f(w + 2\mathrm{Re}\{z(t)q(\theta)\})\rangle$$

$$
\begin{aligned}
&= \mathrm{i}\omega_2\tau^* z + \overline{q^*}(0) f(w(z,\bar{z},0) + 2\mathrm{Re}\{z(t)q(\theta)\}) \\
&\overset{\text{def}}{=} \mathrm{i}\omega_2\tau^* z + \overline{q^*}(0) f_0(z,\bar{z}).
\end{aligned} \tag{7-25}
$$

记上式为 $z'(t) = \mathrm{i}\omega_2\tau^* z + g(z,\bar{z})$, 其中,

$$
\begin{aligned}
f_0(z,\bar{z}) &= f_{z^2}\frac{z^2}{2} + f_{\bar{z}^2}\frac{\bar{z}^2}{2} + f_{z\bar{z}}z\bar{z} + f_{z^2\bar{z}}\frac{z^2\bar{z}}{2} + \cdots, \\
g(z,\bar{z}) &= \overline{q^*}(0) f(w(z,\bar{z},0) + 2\mathrm{Re}\{z(t)q(\theta)\}) \\
&= g_{20}\frac{z^2}{2} + g_{11}z\bar{z} + g_{02}\frac{\bar{z}^2}{2} + g_{21}\frac{z^2\bar{z}}{2} + \cdots.
\end{aligned}
$$

通过比较系数, 我们有

$$
\begin{cases}
g_{20} = -\overline{D}_2\tau^*\Delta\mu e^{-av_0}a^2\dfrac{\mathrm{i}\omega_2^3}{k_2 e^{-\mathrm{i}\omega_2\tau^*}}, \\
g_{11} = -g_{20}, \\
g_{02} = g_{20}, \\
g_{21} = \dfrac{g_{20}\mathrm{i}}{\omega_2}(W_{20}^{(2)}(0) - 2W_{11}^{(2)}(0) - a\omega_2^2),
\end{cases} \tag{7-26}
$$

其中,

$$
\begin{aligned}
W_{20}^2(0) &= \frac{\bar{g}_{02}}{3\tau^*} - \frac{g_{20}}{\tau^*} + \frac{2\mathrm{i}\omega_2^3\Delta\mu e^{-av_0}a^2}{2k_2 e^{-2\mathrm{i}\omega_2\tau^*} - 4\mathrm{i}\omega_2(2\mathrm{i}\omega_2 + c - \Delta\mu a e^{-av_0} - k_3 e^{-2\mathrm{i}\omega_2\tau^*})}, \\
W_{11}^2(0) &= \frac{\bar{g}_{11}}{\tau^*} + \frac{g_{11}}{\tau^*}.
\end{aligned}
$$

7.4.2 方程 (7-7) 的 Hopf 分岔分析

这一节, 我们考虑另一个反馈控制方法 (即: 方程 (7-4) 中的 $F_c = F_{c1} = k_1^* X(t-\tau^*)$). 我们省略计算细节, 只给出确定 Hopf 分岔稳定性和方向的表达式, 即

$$
\begin{cases}
g_{20} = -\overline{D}_1\tau^*\Delta\mu e^{-av_0}a^2\dfrac{\mathrm{i}\omega_1^3}{k_1 e^{-\mathrm{i}\omega_1\tau^*}}, \\
g_{11} = -g_{20}, \\
g_{02} = g_{20}, \\
g_{21} = \dfrac{g_{20}\mathrm{i}}{\omega_1}(W_{20}^{(2)}(0) - 2W_{11}^{(2)}(0) - a\omega_1^2),
\end{cases}
$$

其中,

$$D_1 = \frac{k_1}{k_1 - \omega_1^2 e^{-\mathrm{i}\omega_1\tau^*} - \tau^*\mathrm{i}\omega_2 k_1},$$

$$W_{20}^2(0) = \frac{\bar{g}_{02}}{3\tau^*} - \frac{g_{20}}{\tau^*} + \frac{2\mathrm{i}\omega_1^3\Delta\mu e^{-av_0}a^2}{2k_1 e^{-2\mathrm{i}\omega_1\tau^*} - 4\mathrm{i}\omega_1(2\mathrm{i}\omega_1 + c - \Delta\mu a e^{-av_0})},$$

$$W_{11}^2(0) = \frac{\bar{g}_{11}}{\tau^*} + \frac{g_{11}}{\tau^*}.$$

7.5 分岔周期解性质

由 Hassard 等人 [65] 给出的规范型方法和中心流形理论, 定义

$$\begin{cases} C_1(0) = \dfrac{\mathrm{i}}{2\omega_k\tau^*}\left(g_{11}g_{20} - 2|g_{11}|^2 - \dfrac{|g_{02}|^2}{3}\right) + \dfrac{g_{21}}{2}, \quad k = 1, 2, \\ \mu_2 = -\dfrac{\mathrm{Re}(C_1(0))}{\mathrm{Re}(\lambda'(\tau^*))}, \\ \beta_2 = 2\mathrm{Re}(C_1(0)), \end{cases} \tag{7-27}$$

从而可以确定在临界值 τ^* 附近分岔周期解的性质. 事实上, μ_2 决定了 Hopf 分岔的方向: 如果 $\mu_2 > 0$ ($\mu_2 < 0$), 当 $\tau = \tau^*$ 时, 分支周期解是前向的 (后向的). $\mathrm{Re}(C_1(0))$ 决定了分岔周期解的稳定性: 如果 $\mathrm{Re}(C_1(0)) < 0$ ($\mathrm{Re}(C_1(0)) > 0$), 投影到中心流形上的分岔周期解是稳定的 (不稳定的). 由方程 (7-14) 和 (7-22), 注意到 $\mathrm{Re}(\lambda'(\tau^*)) > 0$, 从而有如下定理.

定理 7.3 系统 (7-7) 和 (7-15) 分别在 $\tau = \tau_1^{(j)}$ 和 $\tau = \tau_2^{(j)} (j = 0, 1, 2, \cdots)$ 时经历 Hopf 分岔, 这里 $\tau = \tau_1^{(j)}$ 和 $\tau = \tau_2^{(j)}$ 分别由方程 (7-13) 和 (7-21) 给出的. 如果当 $\tau = \tau_k^{(j)}$, $k = 1, 2$ 时, $\mathrm{Re}(C_1(0)) < 0$ ($\mathrm{Re}(C_1(0)) > 0$), 分岔周期解是超临界的 (次临界的), 中心流形上的解是不稳定的 (稳定的).

因此, 如果某些条件满足, 我们能得到 Hopf 分岔临界值附近的稳定的分岔周期解.

7.6 数 值 模 拟

7.6.1 方程 (7-7) 的模拟解

在这一节, 我们考虑方程 (7-7). 选择一组有实际意义的参数值, 即: $v_0 = 0.4$, $c = 0.05$, $\mu = 0.1$, $\Delta\mu = 0.1$, $a = 10$, $k_1 = -2$, 该组参数值满足假设 (H1), 即

方程 (7-9) 的所有根具有负实部. 方程 (7-11) 只有一个正根: $z_1 \doteq 1.9995$, 从而 $\omega_1 = \sqrt{z_1} \doteq 1.414$, 由式 (7-13) 和式 (7-14) 可知

$$\tau_1^{(0)} \doteq 0.0158, \quad \mathrm{Re}(\lambda'(\tau_1^{(0)})) > 0.$$

因此, 当 $\tau = \tau_1^{(0)} \doteq 0.0158$ 时, 特征方程 (7-8) 有一对纯虚特征值 $\pm \mathrm{i}\omega_1 \doteq 1.414\mathrm{i}$, 其他特征值都具有严格负实部. 由定理 7.1 可知, 当 $\tau \in [0, \tau_1^{(0)}) = [0, 0.0158)$ 时, 平衡点 $E_1^* = (x_1^*, y_1^*) = (0.0609, 0)$ 是局部渐近稳定的. 当 $\tau > \tau_1^{(0)} = 0.0158$ 时, 平衡点 E_1^* 是不稳定的. 当 $\tau = \tau_1^{(0)}$ 时系统 (7-7) 在平衡点 E_1^* 处经历 Hopf 分岔.

令 $\tau = 0.005 < \tau_1^{(0)} = 0.0158$, 选取初始函数 $\varphi(\theta) = [0.1, 0.1], \theta \in [-\tau, 0]$, 此时系统具有一个稳定的平衡点 (见图 7.5). 显然, 数值模拟的结果与理论分析一致.

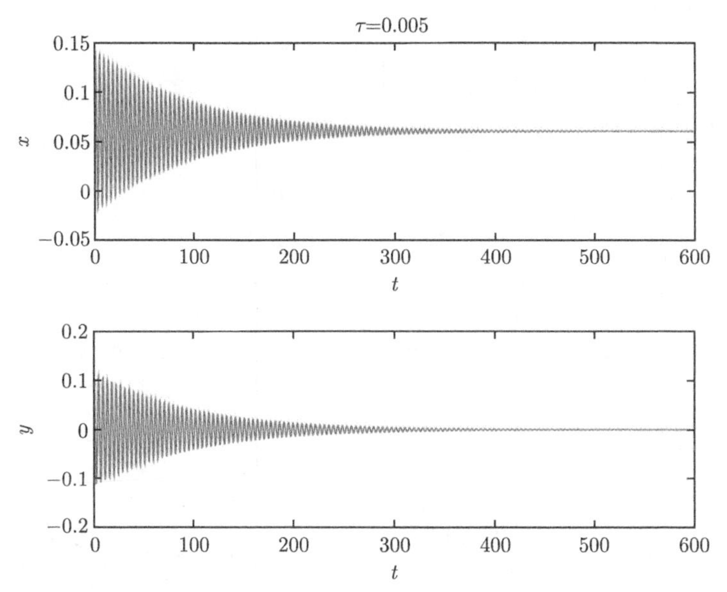

图 7.5 系统 (7-7) 当 $\tau = 0.005$ 时的模拟解, 此时系统具有一个稳定的平衡点

由式 (7-26) 和式 (7-28) 可知 $\mathrm{Re}(C_1(0)) \doteq 0.0145 > 0$, 因此由定理 7.3 知, 系统 (7-7) 当 $\tau = \tau_1^{(j)} (j = 0, 1, 2, \cdots)$ 时经历 Hopf 分岔, 分岔周期解是超临界的, 并且在中心流形上是不稳定的. 由分析可知, 受控系统 (7-7) 的平衡点 E_1^* 经历 Hopf 分岔失去稳定性, 从而产生不稳定的周期解.

由方程 (7-11)—(7-13), 可以给出控制参数平面的平衡点 E_1^* 的局部稳定区域. 令 $c = 0.05$, $\mu = 0.1$, $\Delta\mu = 0.1$, $a = 10$, $k_1 = -2$, 图 7.6(a) 给出了传送带速度 v_0 关于时滞 $\tau_1^{(0)}$ 的受控系统的平衡点 E_1^* 的稳定区域和不稳定区域, 其中 $\tau_1^{(0)}$ 是关于 v_0 的 Hopf 分岔临界曲线. 稳定区域边界由 Hopf 分岔最小临界值 $(\tau_1^{(0)})$ 给出,

当时滞小于第一个 Hopf 分岔临界值 $\tau_1^{(0)}$ 时, 平衡点 E_1^* 是稳定的. 可以观察到, 平衡点的稳定边界区域随着传送带速度的增加, 首先减小然后增加. 令 $v_0 = 0.4$, $c = 0.05$, $\mu = 0.1$, $\Delta\mu = 0.1$, $a = 10$, 图 7.6(b) 给出了反馈增益 k_1 关于时滞 $\tau_1^{(0)}$ 的受控系统的平衡点 E_1^* 的稳定区域和不稳定区域, 其中 $\tau_1^{(0)}$ 是关于 k_1 的 Hopf 分岔临界曲线. 显然, 当反馈增益 k_1 从负半轴接近零时, 稳定区域增加. 令 $c = 0.05$, $\mu = 0.1$, $\Delta\mu = 0.1$, $a = 10$, 图 7.6(c) 给出了不同传送带速度 v_0 下的反馈增益 k_1 关于时滞 $\tau_1^{(0)}$ 的受控系统的平衡点 E_1^* 的稳定边界, 其中 $\tau_1^{(0)}$ 是关于 k_1 的 Hopf 分岔临界曲线. 显然, 根据图 7.6(a) 和图 7.6(b), 当传动带速度较小时, 平衡点的稳定区域随着传送带速度的增加而减小, 当传动带速度较大时, 平衡点的稳定区域随着传送带速度的增加而增大, 在这组参数值下的速度变化临界值为 $v_0 \doteq 0.3$.

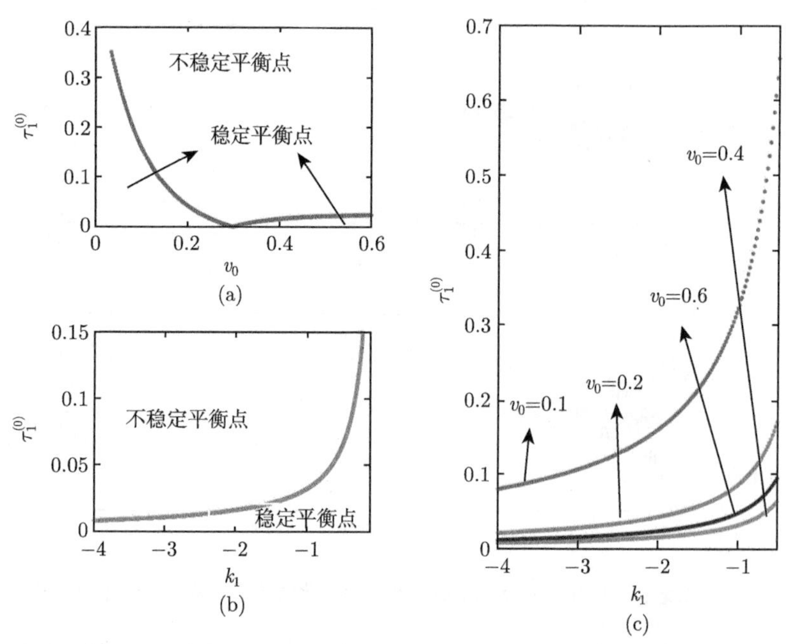

图 7.6　系统 (7-7) 的平衡点 E_1^* 的局部稳定区域 (后附彩图)

注释 7.2　没有时滞项时, 系统 (7-6) 是不稳定的, 当具有时滞项时, 系统 (7-7) 的平衡点当 $\tau \in [0, \tau_1^{(0)})$ 时是稳定的. 因此, 时滞可以帮助系统稳定平衡点. 显然数值模拟结果也与理论分析相一致 (见图 7.5). 图 7.6 给出了传送带速度 v_0 和反馈增益 k_1 关于时滞的稳定边界, 即平衡点稳定区域和不稳定区域. 另外, 在分岔临界线的不稳定区域侧附近, 受控系统 (7-7) 的平衡点由 Hopf 分岔失去稳定性, 从而产生不稳定周期解.

7.6.2 方程 (7-15) 的模拟解

在这一节, 我们考虑方程 (7-15). 仍然选取上述参数值, $v_0 = 0.4$, $c = 0.05$, $\mu = 0.1$, $\Delta\mu = 0.1$, $a = 10$, $k_2 = -2$, $k_3 = -2$, 该参数值满足假设 (H2), 即方程 (7-15) 的所有根具有负实部. 方程 (7-19) 只有一个正根 $z_2 \doteq 4.8276$, 则 $\omega_2 = \sqrt{z_2} = 2.1972$, 由式 (7-20)—(7-22), 我们有

$$\tau = \tau_2^{(0)} \doteq 0.5271, \quad \mathrm{Re}(\lambda'(\tau_2^{(0)})) > 0.$$

因此, 当 $\tau = \tau_2^{(0)} \doteq 0.5271$ 时, 特征方程 (7-16) 有一对纯虚特征根 $\pm \mathrm{i}\omega_2 \doteq \pm 2.1972\mathrm{i}$, 其他特征根具有严格负实部. 由定理 7.2 可知, 当 $\tau \in [0, \tau_2^{(0)}) = [0, 0.5271)$ 时, 唯一平衡点 $E_2^* = (x_2^*, y_2^*) = (0.0609, 0)$ 是局部渐近稳定的, 当 $\tau > \tau_2^{(0)} = 0.5271$ 时, 平衡点 E_2^* 是不稳定的, 从而系统 (7-15) 当 $\tau = \tau_2^{(0)}$ 时在平衡点 E_2^* 处经历 Hopf 分岔.

令 $\tau = 0.4 < \tau_2^{(0)} = 0.5271$, 初始函数为 $\varphi(\theta) = [0.2, 0.1], \theta \in [-\tau, 0]$, 此时系统有一个稳定的平衡点 (见图 7.7). 显然, 数值模拟结果与理论分析结果一致.

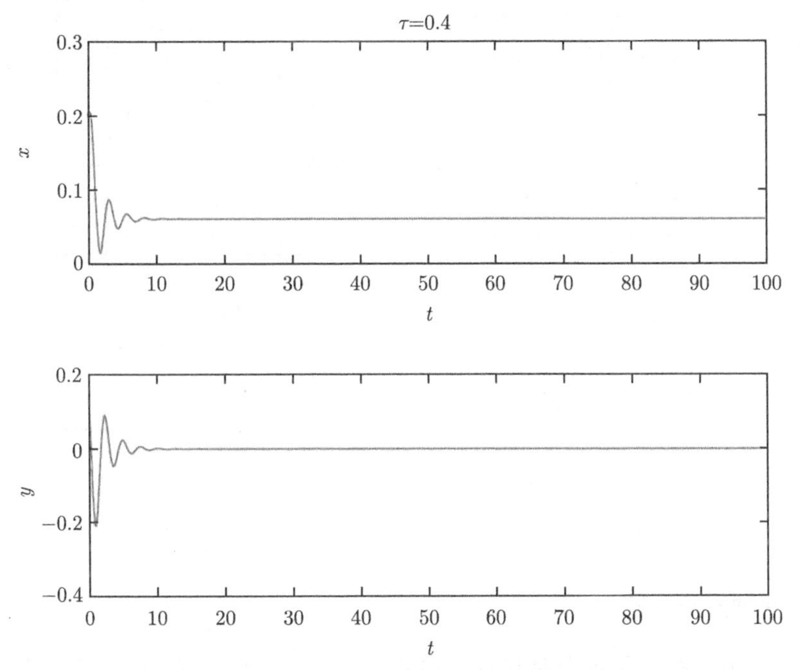

图 7.7 当 $\tau = 0.4$ 时, 系统 (7-15) 的解, 此时系统有一个稳定的平衡点

由方程 (7-27) 和 (7-28) 可得 $\mathrm{Re}(C_1(0)) \doteq 1.3719 > 0$, 因此, 由定理 7.3 可知, 当 $\tau = \tau_2^{(j)} (j = 0, 1, 2, \cdots)$ 时, 系统 (7-15) 经历 Hopf 分岔, 并且产生超临界的不稳定分岔周期解.

接下来, 令 $c=0.05$, $\mu=0.1$, $\Delta\mu=0.1$, $a=10$, $k_2=-2$, $k_3=-2$. 图 7.8(a) 给出了传送带速度 v_0 关于时滞 $\tau_2^{(0)}$ 的受控系统的平衡点 E_2^* 的稳定区域和不稳定区域, 其中 $\tau_2^{(0)}$ 是关于 k_2 的 Hopf 分岔临界曲线. 正如我们预料的, 随着传送带速度的增加, 稳定区域逐渐增加. 令 $v_0=0.4$, $c=0.05$, $\mu=0.1$, $\Delta\mu=0.1$, $a=10$, $k_3=-2$, 图 7.8(b) 给出了反馈增益 k_2 关于时滞 $\tau_2^{(0)}$ 的受控系统的平衡点 E_2^* 的稳定区域和不稳定区域, 其中 $\tau_2^{(0)}$ 是关于 k_2 的 Hopf 分岔临界曲线. 可以观察到, 平衡点的稳定边界区域随着增益 k_2 的增加, 稳定区域逐渐增加. 图 7.8(c) 给出了反馈增益 k_3 关于时滞 $\tau_2^{(0)}$ 的受控系统的平衡点 E_2^* 的稳定区域和不稳定区域, 随着反馈增益 k_3 的增加, 稳定区域首先增加, 然后减少. 图 7.8(d) 给出了不同传送带速度 v_0 下的反馈增益 k_2 关于时滞 $\tau_2^{(0)}$ 的受控系统的平衡点的稳定边界. 正如我们预料的, 随着传送带速度的增加, 稳定区域逐渐增加. 图 7.8(e) 给出了不同传送带速度 v_0 下的反馈增益 k_3 关于时滞 $\tau_2^{(0)}$ 的受控系统的平衡点的稳定边界. 显然, 随着传送带速度的增加, 稳定区域逐渐增加.

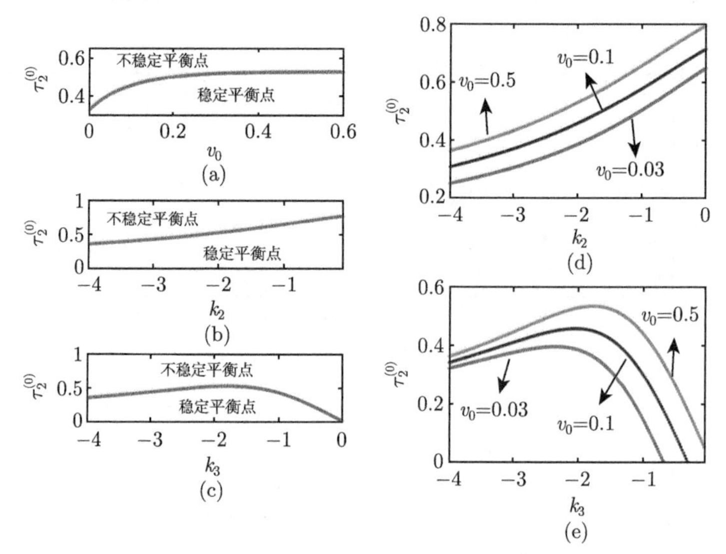

图 7.8　系统 (7-15) 的平衡点 E_2^* 的局部稳定区域

7.6.3　两种方法比较

在 7.3 节中给出了没有时滞反馈项的摩擦驱动系统 (7-6) 是不稳定的, 我们可以证明时滞反馈控制方法能够使得摩擦驱动系统的平衡点变为稳定 (见定理 7.1 和定理 7.2). 在 7.5 节, 我们给出数值模型验证了理论分析的结果 (图 7.5 和图 7.7). 图 7.6 和图 7.8 给出了不同参数下的平衡点局部稳定边界. 因此, 只要选取恰当的控制参数, 可以实现将摩擦驱动系统控制成为稳定的状态, 这也与我们的普遍想法相一致.

令 $c = 0.05$, $\mu = 0.1$, $\Delta\mu = 0.1$, $a = 10$, $k_2 = -2$, 我们给出了选取不同增益 k_3 时, 传送带速度 v_0 关于时滞 $\tau_2^{(0)}$ 的受控系统的平衡点 E_2^* 的稳定边界. 这里 $\tau_2^{(0)}$ 是关于 v_0 的 Hopf 分岔临界曲线 (见图 7.9).

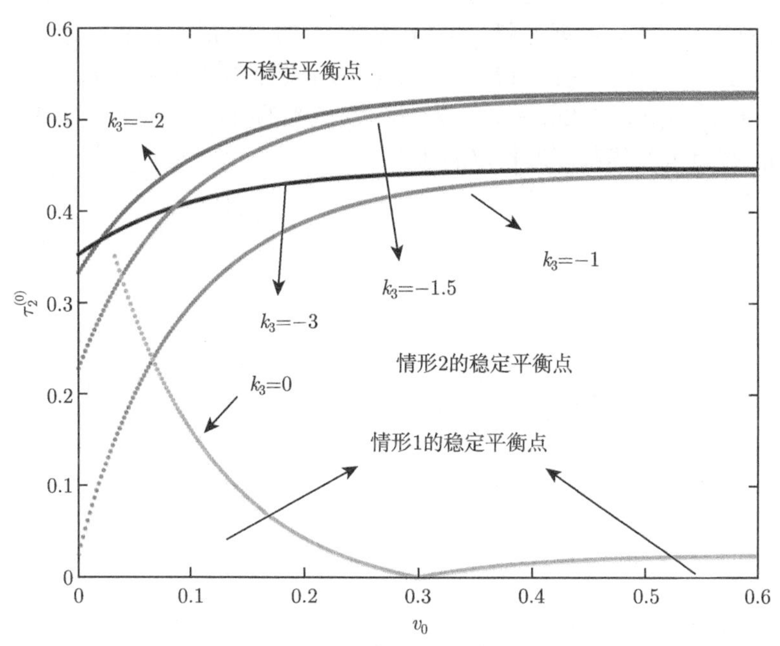

图 7.9 系统 (7-7) 和 (7-15) 的平衡点的局部稳定区域 (后附彩图)

接下来, 利用图 7.9 的数值模拟的结果比较上述两种控制方法 (情形 1 和情形 2). 事实上, 对于图 7.9 的 $k_3 = 0$ 时的条件, 稳定临界曲线与图 7.6(a) 的曲线是一致的, 即: 情形 1 中的传送带速度 v_0 关于时滞 $\tau_1^{(0)}$ 的分岔曲线. 当 $k_3 = -1$, $k_3 = -1.5$, $k_3 = -2$, $k_3 = -3$ 时是对于情形 2 的控制方法的临界分岔曲线. 特别地, 图 7.9 中的对应 $k_3 = -2$ 的稳定临界曲线就是图 7.8(a) 的曲线. 对应比较小的速度 v_0, 情形 1 比情形 2 的稳定区域要大一些. 而对应较大的速度 v_0, 情形 2 比情形 1 的稳定区域要大一些. 对于较小的速度 v_0, 特别是当 $v_0 < 0.02996$ 时, 情形 1 不能实现平衡点的稳定化, 而情形 2 则更有效 (事实上, 只要 $v_0 > -0.0718$, 情形 2 就可以实现平衡点的稳定化). 在情形 2 中, 随着反馈增益 k_3 (比如: $k_3 = -1, -1.5, -2$) 的减少, 稳定区域逐渐增加, 然而只要速度 v_0 不是特别小, $k_3 = -3$ 时的稳定区域要小于 $k_3 = -1.5$ 和 $k_3 = -2$ 的稳定区域. 理论分析表明, 对于不同的传送带速度 v_0, 两种控制方法都有各自的有效性, 我们可以根据实际问题选取最有效的控制方法.

注释 7.3 没有控制驱动 F_c 时, 传送带不会运送刨花. 因此, 我们能理解没有控制驱动 F_c 的系统 (7-4) 是不稳定的. 因此, 我们需要螺旋输送机提供控制驱动力 F_c. 控制驱动力 F_c 可以将平衡点控制成为的稳定, 也可以通过超临界的 Hopf 分支使得平衡点再次失稳.

注释 7.4 在实际控制过程中, 首先, 选取一种控制方法 (情形 1 或情形 2) 以及控制强度 k, 然后根据方程 (7-13) 或者 (7-21) 分别计算临界时滞 $\tau_1^{(j)}$ 或者 $\tau_2^{(j)}, j = 0, 1, 2, \cdots$, 此时系统 (7-7) 或者 (7-15) 分别经历 Hopf 分岔. 接着, 选取满足 $\tau \in [0, \tau_k^{(j)})(k = 1, 2; j = 0, 1, 2, \cdots)$ 的适当的时滞 τ, 从而将具有控制驱动力 F_c 的解控制成为局部渐近稳定的状态.

参考文献

[1] 侯俊峰, 周永东. 木材热压干燥研究现状与应用前景. 世界林业研究, 2017, 30(6): 41-45.

[2] 于建芳, 刘纪建, 王喜明, 张倩倩. 基于多尺度模型预测木材含水率和温度的变化. 工程热物理学报, 2018, 39(10): 2294-2300.

[3] 赵化启. 刨花板调施胶过程预测控制研究. 哈尔滨: 东北林业大学, 2009: 1-40.

[4] 钱小瑜. 世界人造板工业发展现状与趋势. 中国人造板, 2011, 9: 1-7.

[5] 朱良宽, 刘冬喆, 曹军. 刨纤类人造板调施胶工艺特性分析与主参量控制模型研究. 自动化技术与应用, 2013, 32(11): 15-23.

[6] Wiggins S. Introduction to Applied Nonlinear Dynamical Systems and Chaos. New York: Springer-Verlag, 1990.

[7] Guckenheimer J, Holmes P. Nonlinear Oscillations, Dynamical Systems, and Bifurcations of Vector Fields. 3rd Ed. New York: Springer-Verlag, 1990.

[8] Kuznetsov Y A. Elements of Applied Bifurcation Theory. 3rd Ed. New York: Springer-Verlag, 2004.

[9] Han M, Yu P. Normal Forms, Melnikov Functions, and Bifurcations of Limit Cycles. London: Springer-Verlag, 2012.

[10] Hale J. Theory of Functional Differential Equations. New York: Springer-Verlag, 1977.

[11] Hale J, Lunel S. Introduction to Functional Differential Equations. New York: Springer-Verlag, 1993.

[12] Bellman R, Cooke K. Differential-Difference Equations. New York: Academic Press, 1963.

[13] Diekmann O, Stephan A. Delay Equations. New York: Springer-Verlag, 1995.

[14] Kuang Y. Delay Differential Equations with Application in Population Dynamics. New York: Academic Press, 1993.

[15] 李森林, 温立志. 泛函微分方程. 长沙: 湖南科学技术出版社, 1987: 120-235.

[16] 秦元勋, 刘永清, 王联, 等. 带有时滞的动力系统的运动稳定性. 北京: 科学出版社, 1989: 92-116.

[17] 郑祖庥. 泛函微分方程理论. 合肥: 安徽教育出版社, 1994: 110-176.

[18] 张芷芬, 李承志, 郑志明, 等. 向量场的分岔理论基础. 北京: 高等教育出版社, 1997: 58-157.

[19] 张锦炎, 冯贝叶. 常微分方程几何理论与分支问题. 北京: 北京大学出版社, 2000: 206-348.

[20] 罗定军, 张祥, 董梅芳. 动力系统的定性与分支理论. 北京: 科学出版社, 2001: 130-164.

[21] 韩茂安. 动力系统的周期解与分支理论. 北京: 科学出版社, 2002: 166-242.

[22] Chow S, Hale J. Methods of Bifurcation Theory. New York: Springer-Verlag, 1982.

[23] Hayes N. Roots of the Transcendental Equation Associated with a Certain Differential Difference Equation. Journal of the London Mathematical Society, 1950, 25: 226-232.

[24] Ruan S, Wei J. On the zeros of transcendental functions with applications to stability of delay differential equations with two delays. Dynamics of Continuous, Discrete and Impulsive Systems Series A: Mathematical Analysis, 2003, 10: 863-874.

[25] Beretta E, Kuang Y. Geometric stability switch criteria in delay differential systems with delay dependant parameters. SIAM Journal on Mathematical Analysis, 2002, 33: 1144-1165.

[26] 蒋卫华. 时滞微分方程的分支分析. 哈尔滨: 哈尔滨工业大学, 2005: 1-50.

[27] 宋永利. 泛函微分方程的分支理论及应用. 上海: 上海交通大学, 2006: 1-70.

[28] Carr J. Applications of Center Manifold Theory. New York: Springer-Verlag, 1981.

[29] Nayfeh A H. Perturbation Methods. New York: Wiley-Interscience, 1973.

[30] Nayfeh A H. Introduction to Perturbation Techniques. New York: Wiley-Interscience, 1981.

[31] Yu P. Computation of normal forms via a perturbation technique. Journal of Sound and Vibration, 1998, 211: 19-38.

[32] Nayfeh A H. Order reduction of retarded nonlinear systems—the method of multiple scales versus center-manifold reduction. Nonlinear Dynamics, 2008, 51: 483-500.

[33] Shin-Ichiro T, Akio T, Siti H S. Influence of the melamine content in melamine-urea-formaldehyde resins on formaldehyde emission and cured resin structure. Journal of Wood Science,2001, 47(6): 451-457.

[34] 安秉华. 刨花板行业面临的挑战与发展趋势. 林业经济, 2011, 07: 77-78.

[35] 李玉明, 李鸿远. 大亚木业均质刨花板隆重上市. 中国绿色时报, 2006, 2: 20.

[36] 王硕. 我国人造板业 30 年变迁. 林产工业, 2009, 19(2): 8.

[37] 陈水合. 我国纤维板和刨花板业的现状和发展. 中国人造板, 2007, 14(1): 38-39.

[38] 张伟, 费本华, 姜忠斌. 刨花板施胶技术应用研究. 木材加工机械, 2008, 6: 24-27.

[39] 张伟. 麦秸刨花板施胶方法和工艺的研究. 北京: 中国林业科学研究院, 2009: 1-50.

[40] 刘亚秋, 赵化启, 刘德胜. 基于预测控制的刨花板施胶比值系统研究. 工业控制与应用, 2009, 28(11): 26-29.

[41] 孙延明, 刘亚秋. 浅析中密度纤维板施胶控制研究现状. 木工机床, 2006, 2: 15-17.

[42] 刘德胜. 刨花板施胶动力学特性分析与鲁棒控制研究. 哈尔滨: 东北林业大学, 2009: 1-45.

[43] Evans P D, Morrison O, Senden T J, et. al. Visualization and numerical analysis of adhesive distribution in particleboard using X-ray micro-computed tomography. International Journal of Adhesion & Adhesives, 2010, 30: 754-762.

[44] Hundhausen U, Militz H, Mai C. Use of Alkyl Ketene Dimer (AKD) for surface modification of particleboard chips. European Journal of Wood and Wood Products, 2009, 67(1): 37-45.

[45] Xu X, Yao F, Wu Q, Zhou D. The influence of wax-sizing on dimension stability and mechanical properties of bagasse particleboard. Industrial Crops and Wood Products, 2009, 29(1): 80-85.

[46] Ding Y, Cao J, Jiang W. Double Hopf bifurcation in active control system with delayed feedback: application to glue dosing processes for particleboard. Nonlinear Dynamics, 2016, 83(3): 1567-1576.

[47] Ding Y. Dynamic analysis of nonlinear variable frequency water supply system with time delay. Nonlinear Dynamics, 2017, 90(1): 561-574.

[48] 陆仁书. 刨花板制造学. 北京: 中国林业出版社, 1994: 156-160.

[49] 傅万四. 人造板调供胶应用技术研究. 木材加工机械, 2003(5): 21-23.

[50] 白崇彪, 傅万四, 曲闻远. 刨花板施胶比自动控制模式研究. 木材加工机械, 2007, 1: 33-35.

[51] 花军, 曹军, 唐铉峰, 等. 纤维板的调施胶技术. 东北林业大学学报, 2005, 33(1): 96-98.

[52] 于慧伶, 刘亚秋. TRIZ 理论在刨花板施胶系统创新设计中的应用. 鸡西大学学报, 2009, 9(4): 67-68.

[53] 郭继宁, 朱良宽, 孙丽萍. 基于 LMI 的刨花板施胶鲁棒控制. 东北林业大学学报, 2010, 38(6): 84-86.

[54] 王金祥, 郭继宁, 曾丽娜. 基于 DSP 的刨花板施胶建模系统. 机电产品开发与创新, 2010, 23(2): 103-104.

[55] Chow S N, Mallet-Paret J. Integral averaging and bifurcation. Journal of Differential Equations, 1977, 26: 112-159.

[56] Kazarinoff N D, Wan Y H, Driessche P V D. Hopf bifurcation and stability of periodic solutions of differential-difference and integro-differential equations. Journal of the Institute of Mathematics and Its Applications, 1978, 21: 461-477.

[57] Yu P, Yuan Y, Xu J. Study of double Hopf bifurcation and chaos for an oscillator with time delayed feedback. Communications in Nonlinear Science and Numerical Simulation, 2002, 7: 69-91.

[58] Yuan Y, Yu P, Librescu L, et al. Aeroelasticity of time-delayed feedback control of two-dimensional supersonic lifting surfaces. Journal of Guidance, Control, and Dynamics, 2004, 27: 795-803.

[59] Chen Z, Yu P. Hopf bifurcation control for an internet congestion model. International Journal of Bifurcation and Chaos, 2005, 15: 2643-2651.

[60] Wei J, Jiang W. Stability and bifurcation analysis in van der Pol's oscillator with delayed feedback. Journal of Sound and Vibration, 2005, 283: 801-819.

[61] Yuan Y, Wei J. Multiple bifurcation analysis in a neural network model with delays. International Journal of Bifurcation and Chaos, 2006, 16: 2903-2913.

[62] Jiang W, Yuan Y. Bogdanov-Takens singularity in van der Pol's oscillator with delayed feedback. Physica D, 2007, 227: 149-161.

[63] Ma S, Lu Q, Feng Z. Double Hopf bifurcation for van der Pol-duffing oscillator with parametric delay feedback control. Journal of Mathematical Analysis and Applications, 2008, 338: 993-1007.

[64] Wang H, Jiang W. Hopf-pitchfork bifurcation in van der Pol's oscillator with nonlinear delayed feedback. Journal of Mathematical Analysis and Applications, 2010, 368: 9-18.

[65] Hassard B D, Kazarinoff N D, Wan Y H. Theory and Applications of Hopf Bifurcation. Cambridge: Cambridge University Press, 1981.

[66] Faria T, Magalhaes L. Normal forms for retarded functional differential equation and applications to Bogdanov-Takens singularity. Journal of Differential Equations, 1995, 122: 201-224.

[67] Faria T, Magalhaes L. Normal forms for retarded functional differential equation with parameters and applications to Hopf bifurcation. Journal of Differential Equations, 1995, 122: 181-200.

[68] Van Dyke M. Perturbation Methods in Fluid Mechanics. Stanford: Parabolic Press, 1975.

[69] Lighthill M J. A technique for rendering approximate solutions to physical problems uniformly valid. Philosophical Magazine, 1949, 40: 1179-1201.

[70] Kevorkian J, Cole J D. Multiple Scale and Singular Perturbation Methods. New York: Springer-Verlag, 1996.

[71] Yu P. Symbolic computation of normal forms for resonant double Hopf bifurcations using a perturbation technique. Journal of Sound and Vibration, 2001, 247: 615-632.

[72] Yu P. Analysis on double Hopf bifurcation using computer algebra with the aid of multiple scales. Nonlinear Dynamics, 2002, 27: 19-53.

[73] Aboud N, Sathaye A, Stech H W. BIFDE: Software for the investigation of the Hopf bifurcation problem in functional differential equations. Austin: Proceedings of the 27th IEEE Conference on Decision and Control, 1988: 821-824.

[74] Campbell S A. Calculating centre manifolds for delay differential equations using maple. New York: Springer-Verlag, 2009.

[75] 章华友, 晏泽荣, 陈元芳, 等. 著球阀设计与选用. 北京: 北京科学技术出版社, 1994.

[76] Yemele M C N, Blanchet P, Cloutier A, et al. Effects of bark content and particle geometry on the physical and mechanical properties of particleboard made from black spruce and trembing Aspen Bark. Forest Products Journal, 2008, 58: 48-56.

[77] Liu Y, Cao J, Wang N. Attitude and vibration control of flexible spacecraft using adaptive inverse disturbance canceling. IEEE International Joint Conference Neural Networks Process, 2006, 1-10: 2478-2484.

[78] 张君英, 韩军辉. 结构振动被动控制方法概述及应用. 山西建筑, 2007, 19: 66-67.

[79] Ramachandran P, Ram Y M. Stability boundaries of mechanical controlled system with time delay. Mechanical Systems and Signal Process, 2012, 27: 523-533.

[80] Mazenc F, Niculescu S I. Generating positive and stable solutions through delayed state feedback. Automation, 2011, 47: 525-533.

[81] Feng Z, Lama J, Gao H. α-dissipativity analysis of singular time-delay systems. Automation, 2011, 47: 2548-2552.

[82] Sun X, Xu J, Jiang X, et al. Beneficial performance of a quasi-zero-stiffness vibration isolator with time-delayed active control. International Journal of Mechanical Sciences, 2014, 82: 32-40.

[83] 胡海岩, 王在华. 非线性时滞动力系统的研究进展. 力学进展, 1999, 04: 501-512.

[84] 徐鉴, 裴利军. 时滞系统动力学近期研究进展与展望. 力学进展, 2006, 01: 17-30.

[85] 刘军龙. 结构液压被动耗能与直驱主动控制系统. 哈尔滨: 哈尔滨工业大学, 2009: 1-40.

[86] Peng J, Wang L, Zhao Y, et al. Bifurcation analysis in active control system with time delay feedback. Applied Mathematics and Computation, 2013, 219: 10073-10081.

[87] Merritt H E. Hydraulic Control Systems. New York: Wiley-Interscience, 1991.

[88] Manring N. Hydraulic Control Systems. New York: Wiley-Interscience, 2005.

[89] 王春行. 液压控制系统. 北京: 机械工业出版社, 2013: 40-42.

[90] 娄磊, 杨逢瑜, 王顺, 等. 模糊 PID 控制在电液伺服系统中的应用. 液压与气动, 2009, 7: 52-54.

[91] 傅星, 李梦超, 胡晓东, 等. 模糊控制在大载荷高精度液压控制系统中的应用. 天津大学学报, 2004, 37(8): 750-752.

[92] 王传礼, 丁凡, 李其朋, 等. 对称四通阀控非对称液压缸伺服系统动态特性研究. 中国机械工程, 2004, 15(6): 471-474.

[93] 郭洪波, 水涌涛, 李磊, 及红娟. 阀控液压缸动力机构通用非线性建模与试验验证. 机械设计与制造工程, 2018, 47(4): 95-98.

[94] 徐坤, 朱灯林, 梅志千, 陈成. 非对称液压缸伺服泵控系统控制模型及其参数辨识研究. 机电工程, 2019, 36(5): 524-528.

[95] 刘作凯, 韦建军. 伺服阀控液压缸对液压系统动态特性影响的仿真研究. 现代制造工程, 2018, 2: 150-154.

[96] 郑维, 王洪斌, 张志明, 等. 液压泵控缸伺服系统 T-S 模糊模型在线辨识研究. 重型机械, 2017, 6: 23-27.

[97] 刘少岗. 基于 T-S 模型的新型电机泵直驱缸伺服系统建模及控制. 秦皇岛: 燕山大学电气工程学院, 2014.

[98] 郑洪波, 孙友松, 黎勉, 等. 直驱式泵控电液伺服系统建模与动态特性分析. 锻压技术, 2011, 36(5): 66-70.

[99] Yao J, Wang P, Cao X, et al. Independent volume-in and volume-out control of an open circuit pump-controlled asymmetric cylinder system. Journal of Zhe-jiang University-Science: Applied Physics & Engineering, 2018, 19(3): 203-210.

[100] Hamidat A, Benyoucef B. Mathematic models of photovoltaic motor-pump systems. Renewable Energy, 2008, 33(5): 933-942.

[101] 胡寿松. 自动控制原理. 第 6 版. 北京: 科学出版社, 2013.

[102] 孟亚东, 杨婉秋, 甘海云, 等. 电液比例对称阀控非对称液压缸的模型研究. 机床与液压, 2020, 48(20): 54-59.

[103] 苏皓, 杨先海. 阀控液压缸系统低通滤波滑模变结构控制抖振问题的研究. 煤矿机械, 2008, 39(11): 77-79.

[104] Daniels A R. Introduction to Electrical Machines. London: The Macmilian Press, 1976.

[105] Leonhard W. Control of Electrical Drives. 3rd ed. Berlin: Springer, 2001.

[106] 廖晓钟. 电气传动与调速系统. 北京: 中国电力出版社, 1998.

[107] Middelhoek S, Audet S A. Silicon Sensors. New York: Academic Press, 1989: 5-8.

[108] Fluitman J. Microsystems technology: objectives. Sensors and Actuators, 1996, 56: 151-166.

[109] 温诗铸. 关于微机电系统研究. 中国机械工程, 2003, 14(2): 159-163.

[110] James B A, Stephen C T, Phillip W B. Silicon micromechanical devices. Science American, 1983, 248: 44-55.

[111] Waldner J B. Nanocomputers and Swarm Intelligence. London: John Wiley & Sons, 2010.

[112] Bao M, Wang W. Future of Microelectromechanical Systems. Sennsors and Actuators, 1996, 54: l35-141.

[113] Bryzek J. Impact of MEMS technology on society. Sensors and Actuators, 1996, 56: 1-9.

[114] 王亚珍, 朱文坚. 微机电系统 (MEMS) 技术及发展趋势. 机械设计与研究, 2004, 20(1): 10-12.

[115] 王超, 郭早阳. 微机电系统应用中的非线性力学问题分析. 机电工程技术, 2005, 34(8): 18-19.

[116] 林忠华, 胡国清, 刘文艳, 等. 微机电系统的发展及其应用. 纳米技术与精密工程, 2004, 2(2): 117-123.

[117] Jocobsen S C, Price E H, Wood J E, et a1. The wobble motor: an elelectrostatic,

planetary-armature, micro-actuator. IEEE Micro Electro Mechanical Systems Workshop, Salt Lake City, USA, 1989: 17-24.

[118] Trimmer W, Jebens R. Harmonic electrostatic motors. Sensors and Acutators, 1989, 20: 17-24.

[119] 秦磊, 许立忠. 机电集成静电谐波传动原理. 机械设计与研究, 2007, 23(1): 58-59.

[120] Liu S, Zhao S, Sun B, et al. Bifurcation and chaos analysis of a nonlinear electromechanical coupling relative rotation system. Chinese Physics B, 2014, 23: 094501.

[121] Liu S, Zhao S, Wang Z, et al. Stability and Hopf bifurcation of a nonlinear electromechanical coupling system with time delay feedback. Chinese Physics B, 2015, 24: 014501.

[122] Chatterjee S, Mahata P. Controlling friction-induced instability by recursive timedelayed acceleration feedback. Journal of Sound and Vibration, 2009, 328: 9-28.

[123] Saha A, Wahi P. An analytical study of time-delayed control of friction-induced vibrations in a system with a dynamic friction model. International Journal of Non-Linear Mechanics, 2014, 63: 60-70.

[124] Saha A, Wahi P, Bhattacharya B. Characterization of friction force and nature of bifurcation from experiments on a single-degree-of-freedom system with frictioninduced vibrations. Tribology International, 2016, 98: 220-228.

[125] Veraszto Z, Stepan G. Nonlinear dynamics of hardware-in-the-loop experiments on stick-slip phenomena. International Journal of Non-Linear Mechanics, 2017, 94: 380-391.

[126] Haller G, Stepan G. Micro-chaos in digital control. Journal of Nonlinear Science, 1996, 6: 415-448.

[127] Leine R, Campen D, Kraker A. Stick-slip vibrations induced by alternate friction models. Nonlinear Dynamics, 1998, 16: 41-54.

[128] Olejnik P, Awrejcewicz J, Feckan M. An approximation method for the numerical solution of planar discontinuous dynamical systems with stick-slip friction. Applied Mathematics Science, 2014, 145: 7213-7238.

[129] Das J, Mallik A. Control of friction driven oscillation by time-delayed state feedback. Journal of Sound and Vibration, 2006, 297: 578-594.

[130] Chatterjee S. Non-linear control of friction-induced self-excited vibration. International Journal of Non-Linear Mechanics, 2007, 42: 459-469.

[131] Chatterjee S. Time-delayed feedback control of friction induced instability. International Journal of Non-Linear Mechanics, 2007, 42: 1127-1143.

[132] Saha A, Bhattacharya B, Wahi P. A comparative study on the control of friction-driven oscillations by time-delayed feedback. Nonlinear Dynamics, 2010, 60: 15-37.

[133] Saha A, Wahi P. Delayed feedback for controlling the nature of bifurcations in friction-

induced vibrations. Journal of Sound and Vibration, 2011, 330: 6070-6087.

[134] Pyragas K. Continuous control of chaos by self-controlling feedback. Physics Letters A, 1992, 170: 421-428.

[135] Song Y, Wei J. Bifurcation analysis for Chen's system with delayed feedback and its application to control of chaos. Chaos Solitons Fractals, 2004, 22: 75-91.

[136] Ding Y, Jiang W, Wang H. Delayed feedback control and bifurcation analysis of rossler chaotic system. Nonlinear Dynamics, 2010, 61: 707-715.

[137] Cao X, Jiang W. Turing-Hopf bifurcation and spatiotemporal patterns in a diffusive predator-prey system with Crowley-Martin functional response. Nonlinear Analysis: Real World Applications, 2018, 43: 428-450.

[138] Wang Z, Campbell S. Symmetry, Hopf bifurcation, and the emergence of cluster solutions in time delayed neural networks. Chaos, 2017, 27: 114316.

[139] Song Y, Jiang H, Liu Q, et al. Spatiotemporal dynamics of the diffusive musselalgae model near turing-Hopf bifurcation. SIAM Journal Applied Dynamical System, 2017, 16: 2030-2062.

[140] Wang C, Wei J. Hopf bifurcations for neutral functional differential equations with infinite delays. Funkcialaj Ekvacioj, 2019, 62: 95-127.

[141] Shi Q, Shi J, Song Y. Hopf bifurcation in a reaction-diffusion equation with distributed delay and dirichlet boundary condition. Journal of Differential Equations, 2017, 63: 6537-6575.

[142] Chen S, Wei J, Yu J. Stationary patterns of a diffusive predator-prey model with Crowley-Martin functional response. Nonlinear Analysis: Real World Applications, 2018, 39: 33-57.

[143] Hinrichs N, Oestreich M, Popp K. On the modeling of friction oscillators. Journal of Sound and Vibration, 1998, 216: 435-459.

[144] Horvath R. Experimental investigation of excited and self-excited vibration. Budapest: University of Technology and Economics, 200: http://www.auburn.edu/Ehorvaro/index2.htm.

附录 Matlab 程序

考虑到部分程序的通用性, 这里只给出本书研究模型中数值仿真过程中用到的部分程序或 M 文件.

1. 常微分方程 M 文件

```
function dydt = supplyode(t,y)
mu1=-0.03;mu2=-0.06;
u1= (100/9)*(2*mu1-(4/21)*mu2)^2+(2000/189)*mu2*(2*mu1-(4/21)*mu2);
u2=(40/21)*mu2+(40/3)*mu1;
dydt = [y(2); u1+u2*y(1)+y(1)^2-y(1)*y(2)];
```

2. 时滞微分方程 M 文件

```
function dydt = finance(t,y,z)
 ylag = z;
 a=3;b=0.1;c=1;K=-0.45;
dydt = [(y(2)-a)*y(1)+y(3);
       1-b*y(2)-y(1)^2+K*(y(2)-ylag(2));
       -y(1)-c*y(3)];
```

3. 时滞微分方程可行解存在区域

```
gu=0.1;
gv=0.52;
beta=0.1;
zeta=-0.2:0.001:0.1;
deta=(4.*zeta.^2-2-gv.^2).^2-4+4.*gu.^2;
omega1=sqrt((2+gv.^2-4.*zeta.^2+sqrt(deta))./2);
omega2=sqrt((2+gv.^2-4.*zeta.^2-sqrt(deta))./2);
P1=((omega1.^2-1).*gu-2.*zeta.*omega1.^2.*gv)./
   (gu.^2+omega1.^2.*gv.^2); %cos
Q1=((omega1.^2-1).*gu.*omega1+2.*zeta.*omega1.*gu)./
   (gu.^2+omega1.^2.*gv.^2);%sin
P2=((omega2.^2-1).*gu-2.*zeta.*omega2.^2.*gv)./
   (gu.^2+omega2.^2.*gv.^2); %cos
```

```
Q2=((omega2.^2-1).*gu.*omega2+2.*zeta.*omega2.*gu)./
   (gu.^2+omega2.^2.*gv.^2);%sin
if Q1<0
    dita1=2*pi-acos(P1)
    elseif Q1>0
        dita1=acos(P1)
end
if Q2<0
    dita2=2*pi-acos(P2)
    elseif Q2>0
        dita2=acos(P1)
end
tau10=dita1./omega1;
tau11=(dita1+2*pi)./omega1;
tau12=(dita1+2*2*pi)./omega1;
tau13=(dita1+3*2*pi)./omega1;
tau14=(dita1+4*2*pi)./omega1;
tau15=1./omega1.*(dita1+5*2*pi);
tau16=1./omega1.*(dita1+6*2*pi);
tau20=1./omega2.*dita2;
tau21=1./omega2.*(dita2+2*pi);
tau22=1./omega2.*(dita2+2*2*pi);
tau23=1./omega2.*(dita2+3*2*pi);
tau24=1./omega2.*(dita2+4*2*pi);
tau25=1./omega2.*(dita2+5*2*pi);
plot(zeta,tau10)
hold on
plot(zeta,tau11)
hold on
plot(zeta,tau12)
hold on
plot(zeta,tau13)
hold on
plot(zeta,tau14)
hold on
plot(zeta,tau15)
hold on
hold on
plot(zeta,tau20,'--r')
hold on
```

```
plot(zeta,tau21,'--r')
hold on
plot(zeta,tau22,'--r')
hold on
plot(zeta,tau23,'--r')
hold on
plot(zeta,tau24,'--r')
hold on
plot(zeta,tau25,'r')
hold on
axis([-0.2,0.1,0,25])
text(-0.02,5,'A');
text(-0.19,20.5,'B');
```

4. 时滞微分方程 Hopf 分岔曲线

```
clear all
a=3;b=0.1;c=1;
a2=ones(1,27)*(b+c-1/c)-K;
a1=ones(1,27)*(c*b-b/c+2*(c-b-a*b*c)/c)-c*K+K/c;
a0=ones(1,27)*(2*(c-b-a*b*c));
b1=ones(1,27)*(c-1/c);
c2=a2.^2-2*a1-K.^2;
c1=a1.^2-2*a0.*a2-K.^2.*b1.^2;
c0=a0.^2;
A=c1-c2.^2./3;
B=2*c2.^3./27-c1.*c2./3+c0;
L=(A./3).^3+(B./2).^2;
s=ones(1,27)*(-0.5+sqrt(3)/2*i);
aa=(-B./2+L.^0.5).^(1/3);
bb=(-B./2-L.^0.5).^(1/3);
z1=aa+bb-c2./3;
z2=aa.*s+bb.*conj(s)-c2./3;
z3=aa.*conj(s)+bb.*s-c2./3;
if z1>0
    w1=(z1).^0.5;
    Q=-(b1.*a0-b1.*a2.*w1.^2+a1.*w1.^2-w1.^4)./
       (K.*(b1.^2.*w1+w1.^3));
    P=-((a2-b1).*w1.^2+a1.*b1-a0)./(K.*w1.^2+b1.^2.*K);
    for i=1:27;
        if real(Q(i))>=0
```

```
            t10(i)=(acos(P(i)))./w1(i);
            t11(i)=(acos(P(i))+2*pi)./w1(i);
            t12(i)=(acos(P(i))+4*pi)./w1(i);
         end
         if real(Q(i))<0
            t10(i)=(2*pi-acos(P(i)))./w1(i);
            t11(i)=(4*pi-acos(P(i)))./w1(i);
            t12(i)=(6*pi-acos(P(i)))./w1(i);
         end
     end
else w1=0;
end
if z2>0
     w2=(z2).^0.5;
     Q=-(b1.*a0-b1.*a2.*w2.^2+a1.*w2.^2-w2.^4)./
        (K.*(b1.^2.*w2+w2.^3));
     P=-((a2-b1).*w2.^2+a1.*b1-a0)./(K.*w2.^2+b1.^2.*K);
     for i=1:27;
        if Q(i)>=0
           t20(i)=(acos(P(i)))./w2(i);
           t21(i)=(acos(P(i))+2*pi)./w2(i);
           t22(i)=(acos(P(i))+4*pi)./w2(i);
        end
        if Q(i)<0
           t20(i)=(2*pi-acos(P(i)))./w2(i);
           t21(i)=(4*pi-acos(P(i)))./w2(i);
           t22(i)=(6*pi-acos(P(i)))./w2(i);
        end
     end
else w2=0;
end
if z3>0
     w3=(z3).^(0.5);
     Q=-(b1.*a0-b1.*a2.*w3.^2+a1.*w3.^2-w3.^4)./
        (K.*(b1.^2.*w3+w3.^3));
     P=-((a2-b1).*w3.^2+a1.*b1-a0)./(K.*w3.^2+b1.^2.*K);
     for i=1:27;
         if Q(i)>=0
            t30(i)=(acos(P(i)))./w3(i);
            t31(i)=(acos(P(i))+2*pi)./w3(i);
```

```
            t32(i)=(acos(P(i))+4*pi)./w3(i);
        end
        if Q(i)<0
            t30(i)=(2*pi-acos(P(i)))./w3(i);
            t31(i)=(4*pi-acos(P(i)))./w3(i);
            t32(i)=(6*pi-acos(P(i)))./w3(i);
        end
    end
else w3=0;
end
figure;
plot(K,t30,'b-.');
hold on
xlabel('K');
ylabel('\tau');
plot(K,t10,'r-');
plot(K,t31,'b-.');
plot(K,t11,'r-');
plot(K,t32,'b-.');
plot(K,t12,'r-');
plot([-0.45, -0.45],[0 25],'k-');
text(-0.65,10,'K=-0.45\rightarrow');
text(-1.45,3,'A'); text(-1.14,11,'B');
hold off
axis([-1.7,-0.4,0,15])
```

5. 时滞微分方程周期解的全局存在性

```
figure;
subplot(2,1,1)
syms m
for m=1.4:0.01:1.5
    sol=dde23(@laser,m,[1.1,0.4],[0,100]);
    n=length(sol.x);
    plot(m,sol.y(1,ceil(8*n/9):n),'b');
    hold on
end
for m=1.5:0.01:2.81
    sol=dde23(@laser,m,[1.1,0.4],[0,100]);
    n=length(sol.x);
    plot(m,sol.y(1,ceil(4*n/7):n),'b');
```

```
    hold on
end
for m=2.81:0.01:2.82
    sol=dde23(@laser,m,[1.1,0.4],[0,300]);
    n=length(sol.x);
    plot(m,sol.y(1,ceil(7*n/9):n),'b');
    hold on
end
for m=2.82:0.01:2.9
    sol=dde23(@laser,m,[1.1,0.4],[0,400]);
    n=length(sol.x);
    plot(m,sol.y(1,ceil(8*n/9):n),'b');
    hold on
end
xlabel('\tau')
ylabel('x')
axis([1.4,2.9,0.8,1.25])
subplot(2,1,2)
syms m
for m=1.4:0.01:1.5
    sol=dde23(@laser,m,[1.1,0.4],[0,100]);
    n=length(sol.x);
    plot(m,sol.y(2,ceil(8*n/9):n),'b');
    hold on
end
for m=1.5:0.01:2.81
    sol=dde23(@laser,m,[1.1,0.4],[0,100]);
    n=length(sol.x);
    plot(m,sol.y(2,ceil(4*n/7):n),'b');
    hold on
end
for m=2.81:0.01:2.82
    sol=dde23(@laser,m,[1.1,0.4],[0,300]);
    n=length(sol.x);
    plot(m,sol.y(2,ceil(7*n/9):n),'b');
    hold on
end
for m=2.82:0.01:2.9
    sol=dde23(@laser,m,[1.1,0.4],[0,400]);
    n=length(sol.x);
```

```
    plot(m,sol.y(2,ceil(8*n/9):n),'b');
    hold on
end
xlabel('\tau')
ylabel('y')
axis([1.4,2.9,-0.1,1.7])

syms m
for m=0.1:0.01:0.19
    sol=dde23(@laser,m,[1.1,0.4],[0,400]);
    n=length(sol.x);
    plot3(m*ones(1,n-ceil(8*n/9)+1),sol.y(1,ceil(8*n/9):n),
         sol.y(2,ceil(8*n/9):n),'b');
    hold on
end
for m=0.19:0.01:0.98
    sol=dde23(@laser,m,[1.1,0.4],[0,200]);
    n=length(sol.x);
    plot3(m*ones(1,n-ceil(6*n/7)+1),sol.y(1,ceil(6*n/7):n),
         sol.y(2,ceil(6*n/7):n),'b');
    hold on
end
for m=0.98:0.01:1.1
    sol=dde23(@laser,m,[1.1,0.4],[0,400]);
    n=length(sol.x);
    plot3(m*ones(1,n-ceil(4*n/9)+1),sol.y(1,ceil(4*n/9):n),
         sol.y(2,ceil(4*n/9):n),'b');
    hold on
end
for m=1.1:0.01:1.2
    sol=dde23(@laser,m,[1.1,0.4],[0,400]);
    n=length(sol.x);
    plot3(m*ones(1,n-ceil(8*n/9)+1),sol.y(1,ceil(8*n/9):n),
         sol.y(2,ceil(8*n/9):n),'b')
    hold on
end

Vander pol 全局分岔图
global A;
syms m
```

```
for m=0:0.00002:0.0165
     A=0.3519+m;
     sol=dde23(@vanderpol,6.7583-0.05,[0.01,0.01],[0,1400]);
    [Zmax]=getmaxz(sol.y(1,:));
     plot(m,Zmax,'b','markersize',2)
     hold on
     clear Ymax
end
xlabel('A_\epsilon')
ylabel('x')
```

6. 刚性系统解的稳定性

```
Ap=0.1256;xv=0.01;kc=1.25*10^(-4);kq=7.4*10^(-4);ctp=5*10^(-16);
mt=1500;k=1.25*10^9;k0=10^9;FL=2*10^6;bp=2.25*10^6;be=7*10^8;
vt=3.768*10^(-3);
h=0.01;m=ceil(1/h);
     x(1)=1.2;
     y(1)=0.03;
     p(1)=-0.03;
for N=1:m
     x(N+1) = x(N)+h*y(N);
     y(N+1)=y(N)+h/mt*(Ap*p(N)-bp*y(N)-k*x(N)-FL-k0*x(N)^2);
     p(N+1)=p(N)+h*4*be/vt*(kq*xv-kc*p(N)-Ap*y(N))
end
plot(x);
axis([50000,160000,-1,1])
```

7. 稳定区域填充

```
clear all
>> w=1.5;
>> syms r k
>> c=-2*k*(w-1)+w^2*(1+r);delta=c^2-4*(1-r^2)*k^2*(w-1)^2;
>> ezplot(delta,[1,60,0,2])
hold on
>> ezplot(c,[1,60,0,2])
>> plot([1 60],[1 1]);
k=0:0.1:60;
l1=3.*(12.*k-27+8.*2.^(1./2).*k.^(3./2))./(81+16.*k.^2);
xn=linspace(0,4.5,20);
```

```
l2=3.*(12.*xn-27+8.*2.^(1./2).*xn.^(3./2))./(81+16.*xn.^2);
fill([xn,fliplr(xn)],[ones(1,20)*1,fliplr(l2)],'r')

 y1=linspace(0,60,200);
>> l3=3.*(12.*y1-27+8.*2.^(1./2).*y1.^(3./2))./(81+16.*y1.^2);
>> fill([y1,fliplr(y1)],[l3,fliplr(ones(1,200)*0)],'r')
xx=linspace(4.5,60,50);
>> l4=3.*(12.*xx-27+8.*2.^(1./2).*xx.^(3./2))./(81+16.*xx.^2);
>> fill([xx,fliplr(xx)],[l4,fliplr(ones(1,50)*1)],'c')
>> text(10,1.6,'\omega^2(1+\gamma)-2k(\omega-1)=0');
>> text(15,1.3,'\gamma=1');
>> text(17,1.2,'\Delta=0');
plot([1 60],[1 1]);
>> text(53,1.86,'case (1)');
text(53,1.68,'case (2)');
text(53,1.5,'case (3)');
ezplot(c,[1,60,0,2])
```

索　引

A

鞍点, 23

B

被动控制, 36
不稳定, 18
刨花板, 1
刨花板生产工艺流程, 1
刨花板施胶过程的传送带摩擦驱动模型, 113
刨花板施胶系统, 6, 112

C

常微分方程, 17
传感器, 95

D

电气传动运动方程, 74
电液伺服系统工作原理, 73
调施胶流量控制系统, 73
动态分岔, 5
多尺度方法, 5
多时间尺度, 5
多时间尺度方法, 12

F

分岔, 5

H

霍尔维兹判据, 20

J

极限环, 26
渐近稳定, 18
胶流控制系统, 76
焦点, 24
结点, 23, 25
静态分岔, 5
具时滞非线性变频调压供水系统, 74
具时滞微机电非线性耦合系统, 97
具有时滞的主动控制系统, 37

L

李雅普诺夫不稳定性定理, 21
李雅普诺夫第二方法, 20
李雅普诺夫第一方法, 19
李雅普诺夫渐近稳定性定理, 21
李雅普诺夫稳定性定理, 21
零解局部渐近稳定, 27

P

平衡点, 21

Q

全局渐近稳定, 18

S

施胶, 4
双物体相对旋转机电耦合传动系统, 96

W

微机电系统, 95
稳定, 18

X

线性近似方程组, 19
相空间, 21

Y

延迟反馈控制, 112
延迟微分方程, 11, 26
液压缸, 50

Z

中心, 25
中心流形, 29
中心流形方法, 29
中心流形约化, 5
主动控制, 36
状态变量, 21

其他

Hopf 分岔, 28

编 后 记

“博士后文库”是汇集自然科学领域博士后研究人员优秀学术成果的系列丛书. “博士后文库”致力于打造专属于博士后学术创新的旗舰品牌，营造博士后百花齐放的学术氛围，提升博士后优秀成果的学术影响力和社会影响力.

“博士后文库”出版资助工作开展以来，得到了全国博士后管委会办公室、中国博士后科学基金会、中国科学院、科学出版社等有关单位领导的大力支持，众多热心博士后事业的专家学者给予积极的建议，工作人员做了大量艰苦细致的工作. 在此，我们一并表示感谢!

“博士后文库”编委会

彩　　图

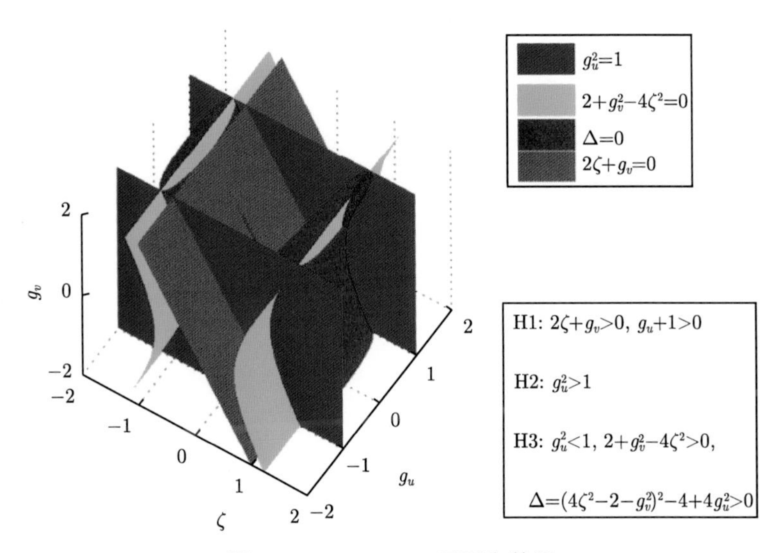

图 3.1　$\zeta - g_u - g_v$ 平面参数图

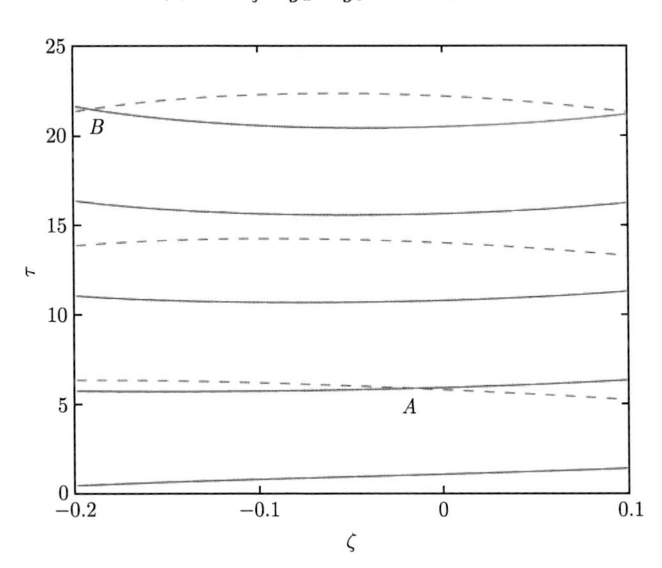

图 3.2　关于参数 ζ 和时滞 τ 的分岔图, 这里, $\tau_1^{(j)}(j=0,1,2,3,4)$(蓝线) 和 $\tau_2^{(j)}(j=0,1,2)$(红线) 是关于 ζ 的 Hopf 分岔临界线

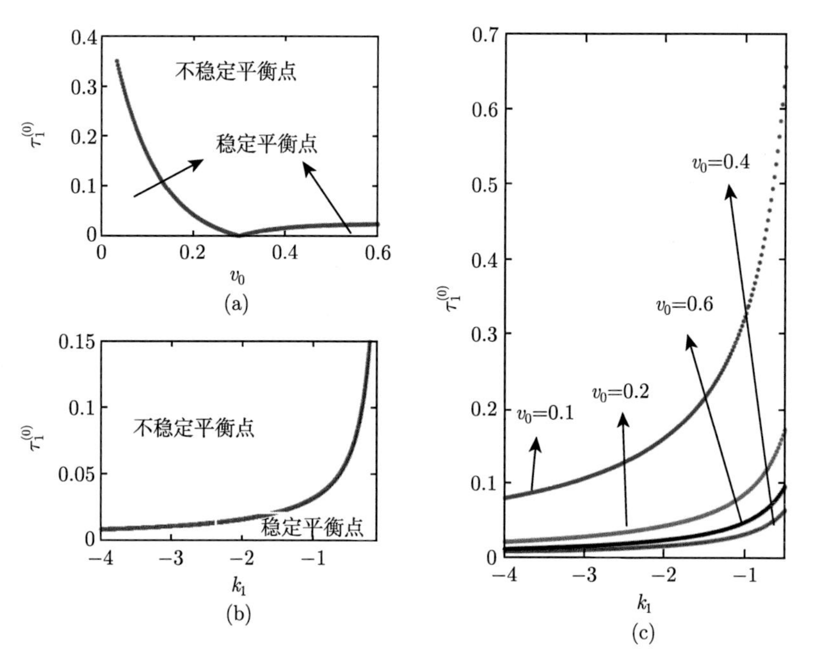

图 7.6 系统 (7-7) 的平衡点 E_1^* 的局部稳定区域

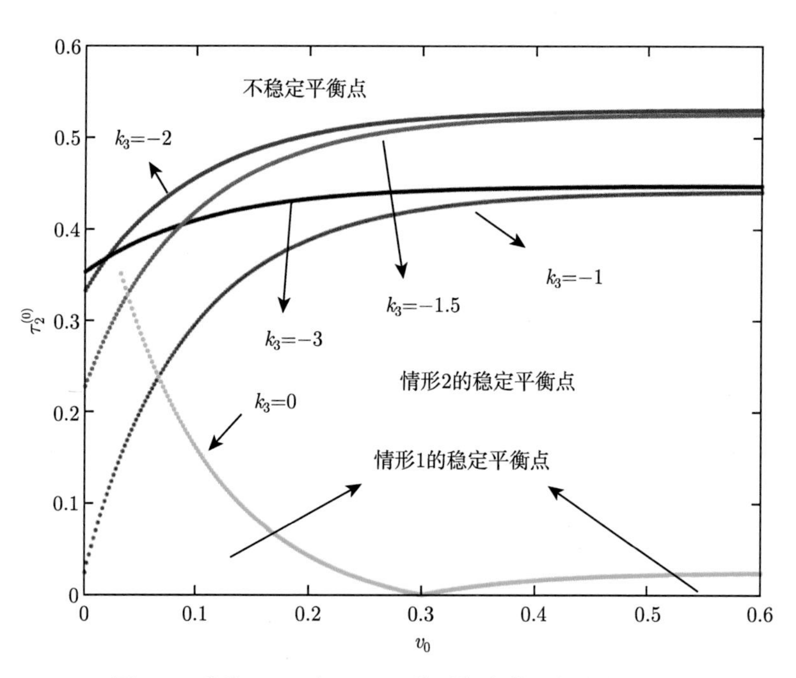

图 7.9 系统 (7-7) 和 (7-15) 的平衡点的局部稳定区域